JN208359

Illustrated Field Guide to the Flora of Ryukyu

琉球弧・植物図鑑

from AMAMI

片野田逸朗 著

南方新社

はじめに

今から20年前，奄美大島で３年間を過ごし，休日のたびに山や海辺に出かけては初めて見る植物にわくわくしながらレンズを向け，写真を撮って名前を調べていました。その写真を整理し，解説を加えたものを南方新社の向原祥隆代表のお力添えで『琉球弧・野山の花 from AMAMI』という本にまとめることができました。

当時の私は奄美の植物に関する知識がまだ浅く，普通に見かける植物のなかにも名前のわからないものがたくさんありました。そのような私が撮影した550種を掲載した前著は，奄美の身近な植物を調べる入門書のようなものでした。

今回，再び縁があって2014年４月から2017年３月までの３年間を奄美大島で暮らすことになりました。15年ぶりの島での生活が始まりましたが，その間に奄美大島は徳之島や沖縄島北部，西表島と一緒に世界自然遺産候補地となり，世界的にも重要で独特な固有種が多数生育していることが高く評価され，注目されるようになりました。また，2003年には鹿児島県版のレッドデータブックが刊行され，奄美群島の市町村でも「希少野生動植物の保護に関する条例」が制定されたことで，絶滅危惧野生動植物や希少野生動植物に対する認知度が向上し，最近では絶滅危惧種等の保全パトロールや外来種の駆除等が積極的に行われるようになりました。このように奄美の野生植物に対する社会的関心は20年前に比べると格段に高くなってきており，私自身，前著の内容に物足りなさを感じはじめていました。

このような思いを胸に，私はこの３年間，20年前は踏み込むことのなかった渓流の深くまで分け入り，あるいは急峻な崖地を登りながら，まだ見たことのない植物を探し求め，その写真を撮ってきました。そこでは，奄美の奥深い森林の中でひっそりと花を咲かせる固有種や希少種に出会うことができ，あらためて奄美の自然の奥深さや面白さを実感することができました。

この本では，３年間で撮影した約800種の植物を新たな系統分類体系であるAPGⅢ・Ⅳに基づいて掲載し，絶滅危惧種や希少野生植物の指定状況も掲載しました。奄美群島では1,300種以上の在来維管束植物が確認されており，掲載できなかった植物もまだまだありますが，この本が奄美の植物に興味を持ち，名前を知りたいと願う方々や小中学生の野外学習活動，自然保護活動や自然観察ツアーガイド，公共事業等によるアセスメントに関わる方々に少しでも役立つことができれば幸いと存じます。

最後ながら，出版を快くお引き受け頂いた南方新社の向原祥隆代表とデザイナーの鈴木巳貴さんに深く感謝申し上げるとともに，撮影先での安全をいつも心配してくれた母親と，奄美大島での自由気ままな一人暮らしを許してくれた妻に心から感謝したい。

2019年３月末日

著　者

目　次 —CONTENTS—

はじめに …………………………………………………… ii

この本のまとめ方 ………………………………………… iv

植物各部の用語解説 ……………………………………… v

■第１章　木本類……………………………………………… 1

■第２章　草本類……………………………………………96

■第３章　つる植物………………………………………… 196

■第４章　シダ植物………………………………………… 229

奄美群島における希少野生植物の指定状況 ……………… 281

学名（科名・属名）索引 ………………………………… 283

和名索引 …………………………………………………… 288

主な参考文献 ……………………………………………… 295

この本のまとめ方

●和名・学名については，『改訂新版 日本の野生植物（全５巻）』（平凡社），『日本産シダ植物標準図鑑（全２巻）』（学研プラス）に従いましたが，一部は『奄美群島植物目録』（鹿児島大学総合研究博物館）に従いました。

●形態などの解説については上記文献のほか，『琉球植物誌（追加・訂正）』（沖縄生物教育研究会），『日本の野生植物 シダ』（平凡社），『新装版 日本のシダ植物図鑑（全８巻）』（東京大学出版会）を主な参考資料としました。なお，草丈や葉の大きさ等については上記文献の他に，著者が野外で感じた大きさや実際に撮影した植物のおし葉標本の実測値も参考に，できるだけおおまかな数字で記載するようにしました。

●分布については，和名・学名と同じ文献を参考に国内におけるおおまかな分布のみを記載しました。なお，本州～琉球とは四国，九州等にも分布することを意味しています。

●鹿児島県では絶滅のおそれがある野生生物について，いくつかのカテゴリーを用いて評価していますが，本書では県内において近い将来における野生での絶滅の危険性が最も高い種のカテゴリーである『絶滅危惧Ⅰ類』（環境省評価である絶滅危惧Ⅰ類Aと絶滅危惧Ⅰ類Bに対応）に指定されている種についてのみ危惧Ⅰと記載しました。

●写真の撮影年月日と撮影地（市町村）は解説文のあとに記載しましたが，絶滅危惧Ⅰ類に指定された種の撮影地については島名までの記載としました。

植物各部の用語解説／葉

●葉のつくり

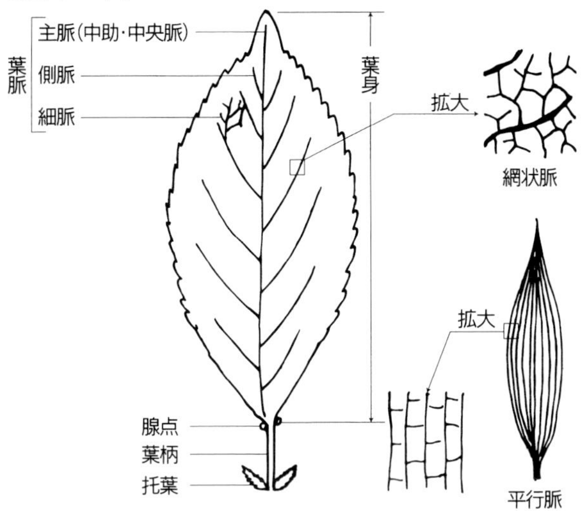

●タケ類の葉鞘と稈鞘

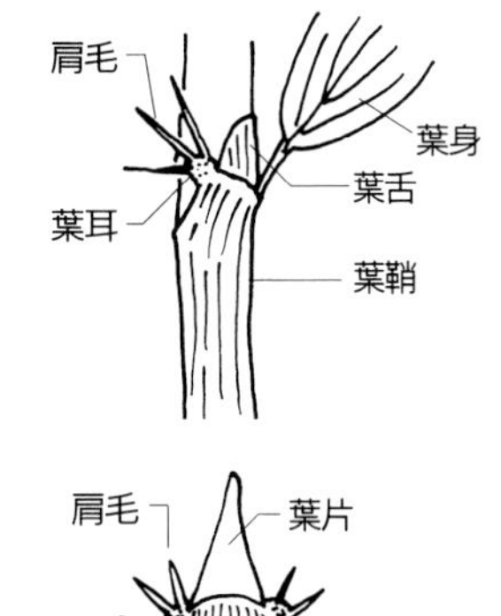

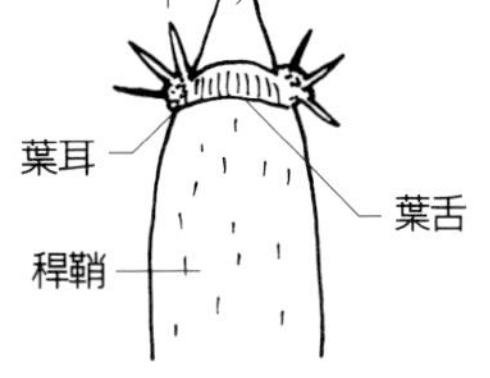

●葉の形

線形

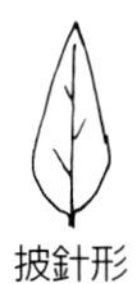
披針形

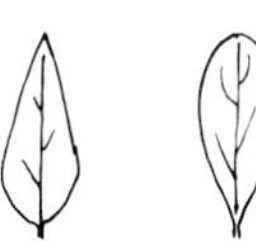
倒披針形

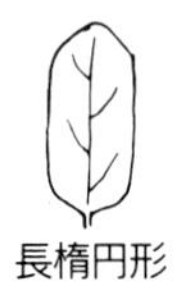
長楕円形

楕円形

卵形

倒卵形

へら形

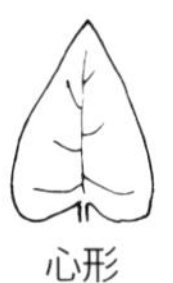
心形

倒心形

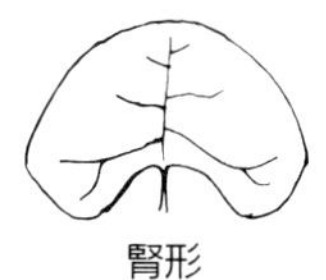
腎形

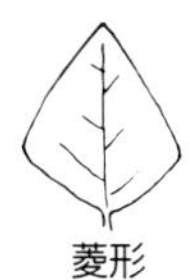
菱形

矢じり形

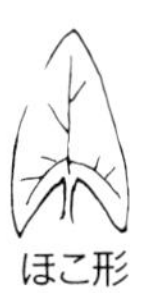
ほこ形

●葉のつき方

茎を抱く

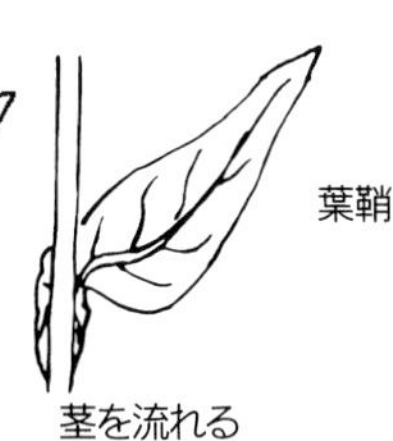
茎を流れる

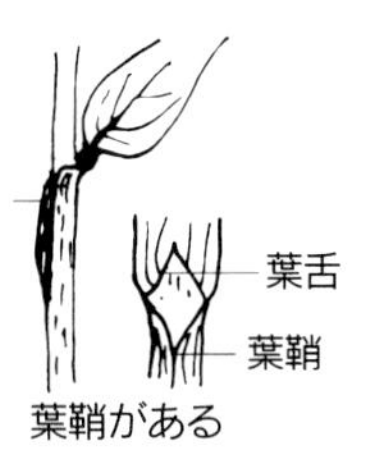

葉鞘がある

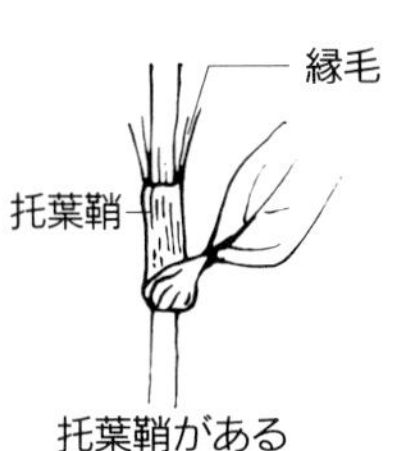

托葉鞘がある

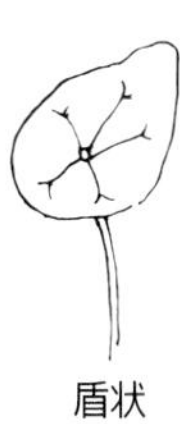
盾状

植物各部の用語解説／葉

●葉の先端

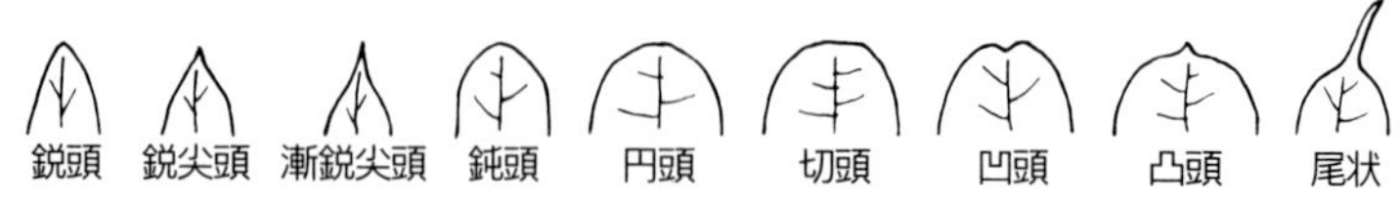

●葉の基部

●葉縁の形

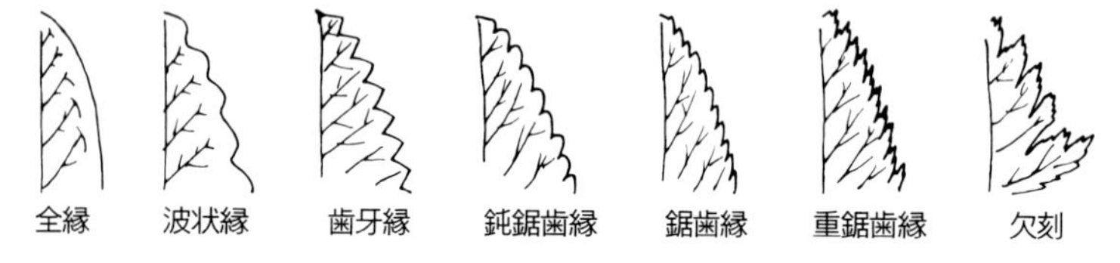

●葉の切れ込み

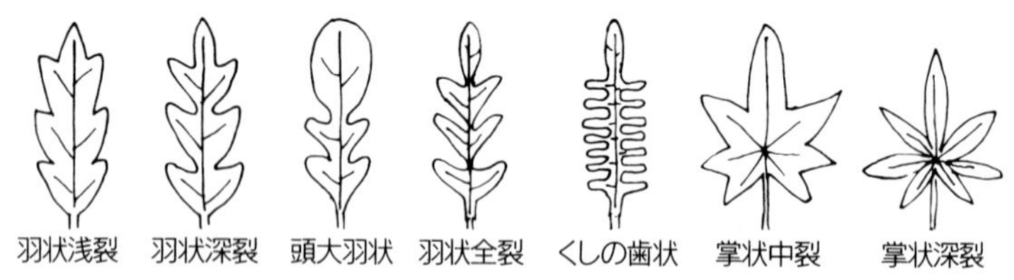

●複葉

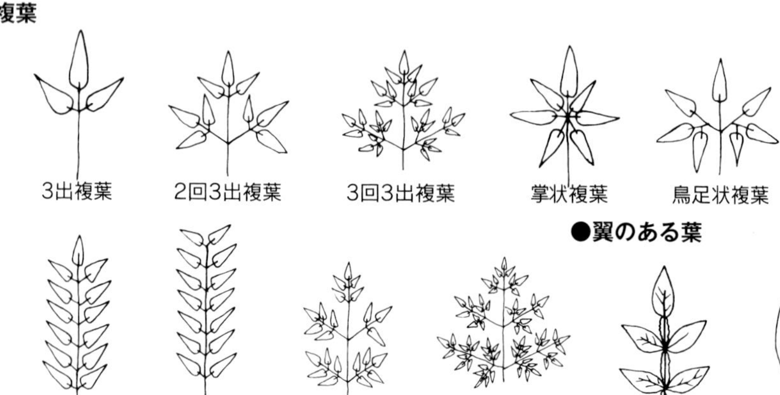

植物各部の用語解説／花

●花のつくり

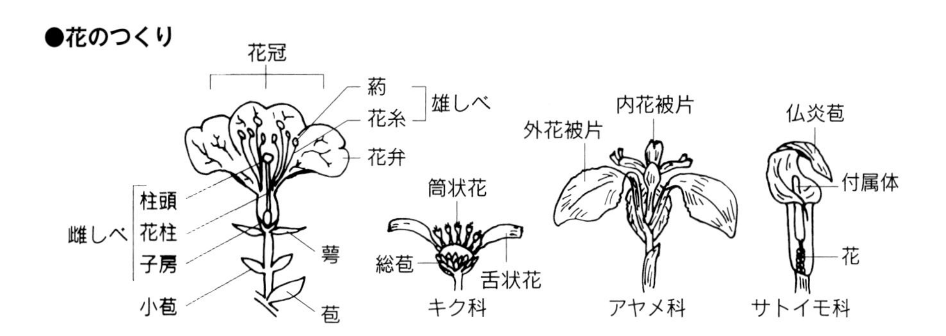

●花の形

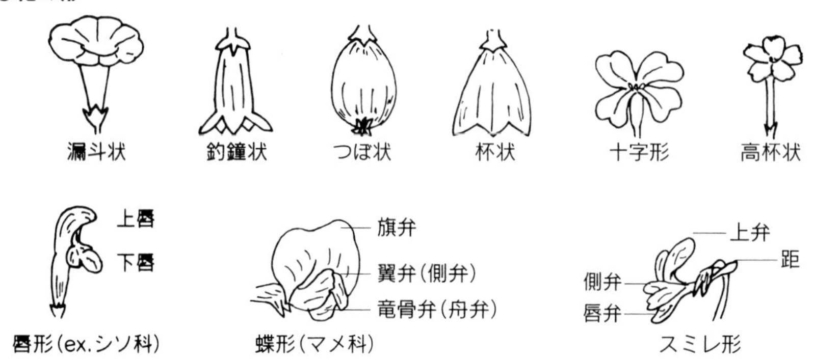

●花序の形

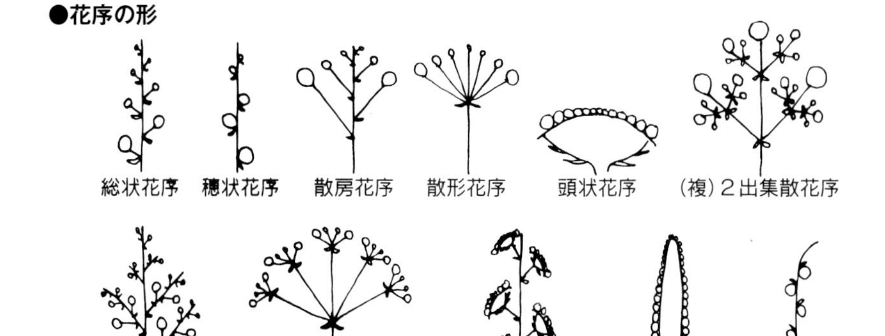

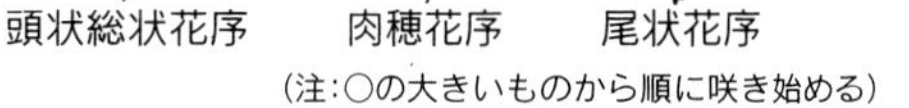
（注:○の大きいものから順に咲き始める）

●イネ科の花

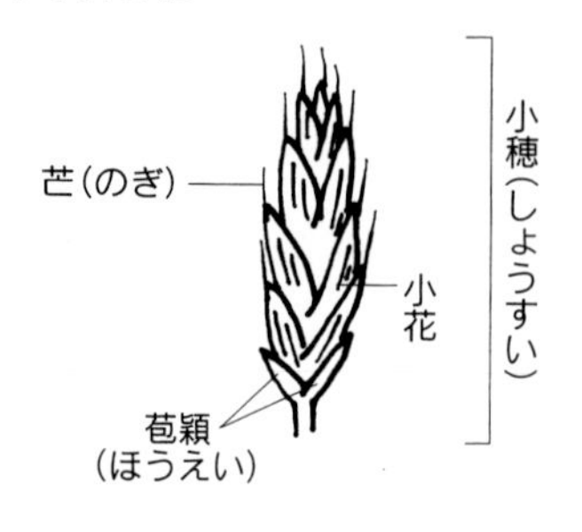

●小花には外花穎，内花穎と呼ばれる２個の鱗片がある。

●小花が１個または２個以上集まって小穂と呼ばれる花序をつくる。

●小穂の基部には２個の苞穎がある。

●果実の種類

袋(たい)果
(ex.ヤマシャクヤク)

豆(とう)果
(ex.エンドウ類)

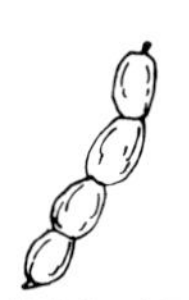
節(せつ)果
(ex.ハギ類)

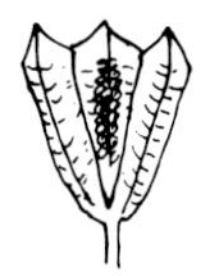
蒴(さく)果
(ex.ラン類)

蓋(がい)果
(ex.スベリヒユ)

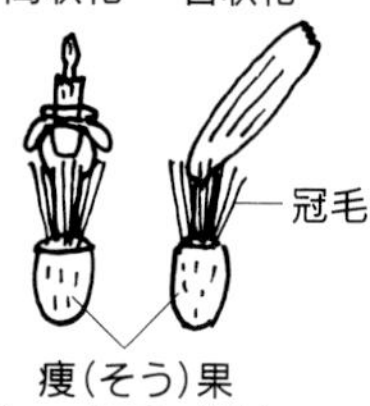

痩(そう)果
(ex.ノコンギク)

堅(けん)果
(ex.カシ類)

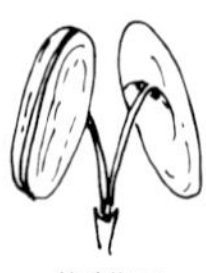
分離果
(ex.セリ)

翼(よく)果
(ex.カエデ類)

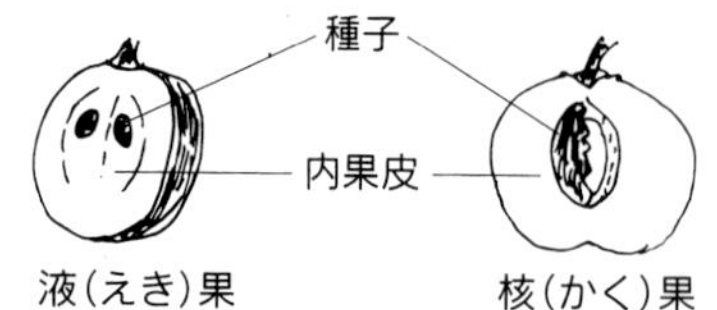

液(えき)果
(ex.ブドウ類)

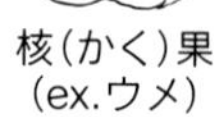
核(かく)果
(ex.ウメ)

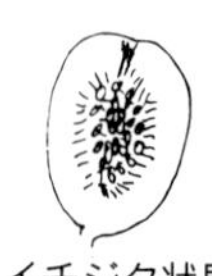
イチジク状果
(ex.イヌビワ)

イチゴ状果
(ex.ヘビイチゴ)

●シダ植物の葉のつくり
胞子嚢群（ソーラス）
（粒状のものが胞子嚢。この
中に胞子が入っている）
包膜
頂羽片
葉身
羽片
中軸
鱗片
1 回羽軸
小羽片
2 回羽軸
3 回羽軸
呼び方
最下羽片の下向き
第一小羽片
葉柄
●イワヒバ科のつくり
腹葉
側枝
匍匐茎
担根体
背葉

●ハナヤスリ科のつくり

胞子嚢穂
担栄養体
担胞子体
共通柄
（担葉体）

●葉の二形性

同形
二形
胞子葉
（実葉）
栄養葉
（裸葉）
根茎

●葉の切れ込みの呼び方

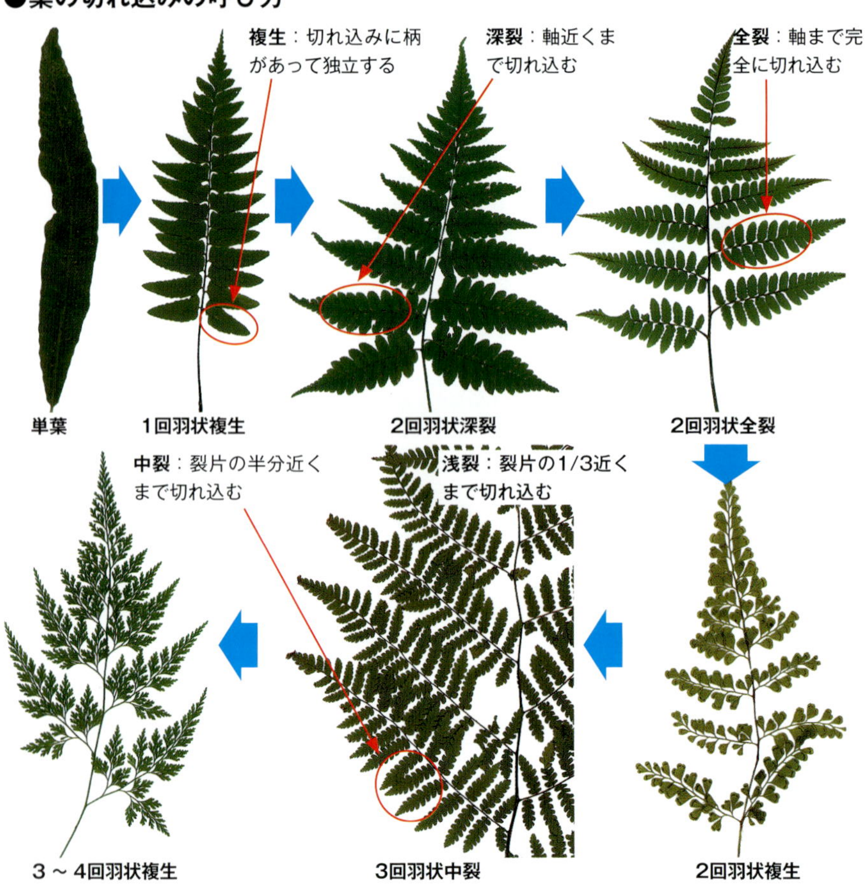

Illustrated Field Guide to the Flora of Ryukyu

琉球弧・植物図鑑

from AMAMI

ソテツ　海岸の崖地に群生する。加計呂麻島や請島，与路島の海岸崖地ではソテツの大群落を見ることができる【2016/6/19 大和村】

ソテツ　*Cycas revoluta*　分布：九州南部～琉球／　海岸付近の岩場や斜面に生える雌雄別株の常緑低木。幹は柱状でときに多少分岐し，魚鱗状の葉痕でおおわれる。葉は茎頂に集まってつき，新緑の頃は鮮緑色の美しい葉冠を形成する。雄花は円柱状で直立し，多数の小胞子葉からなる。雌花は櫛の歯のように深く切れ込み，褐色の綿毛を密生した大胞子葉からなる。種子は卵形，赤朱色で光沢がある。救荒植物として昔から山野に植栽され，茎の髄と種子からデンプンをとるが，有毒成分も含んでいるために水でさらしてから食用としていた。種子はナリと呼ばれ，味噌の原料にもなる【上左（雄花）：2016/5/28 喜界町，上右（雌花）：2016/11/23 奄美市】

木本類

オキナワハイネズ ***Juniperus taxifolia*** var. ***lutchuensis*** 分布：琉球（奄美大島以南）／ 海岸の砂地や岩場に生える匍匐性の常緑低木。葉は針状で３輪生し，白い気孔帯が２条ある。球果は球形，表面には白い粉がある。よく似たハイネズは種子島以北の海岸に生え，葉はかたくて先が鋭く尖り，触ると痛いので区別がつく。ヒノキ科【2014/7/12 瀬戸内町，（球果）：2014/11/2 瀬戸内町】

リュウキュウマツ ***Pinus luchuensis*** 分布：トカラ列島～琉球／ 海岸から内陸部にかけての岩場や尾根筋に生え，道路法面には先駆的樹種としていち早く侵入して定着する日本固有の常緑高木。樹皮はクロマツに似るが，葉はアカマツのようにやわらかく，触ってもクロマツのように痛くない。戦後，奄美大島では盛んに造林された。マツ科【2016/8/21 瀬戸内町，（球果）：2015/11/7 奄美市】

イヌマキ *Podocarpus macrophyllus* 分布：本州（関東地方以西）～琉球／ 雌雄別株の常緑高木。海風が吹き付けるような乾いた山地に生え，尾根筋ではしばしば優占種となる。樹皮は灰白色で浅く裂けて剥がれ落ちる。雄花は細長い円柱状で雄しべが多数つき，雌花は花柄の先に１個つく。種子は青白く肥厚した鱗片に包まれ，その基部には紫紅色に肥厚した花托がある。熟した花托は甘味があって食べられる。別名ヒトツバ【上左と上：2015/7/4 大和村】

ナギ *Nageia nagi* 分布：本州（三重県・和歌山県・山口県）・四国～琉球／ 薄暗い林内に生える雌雄別株の常緑高木。樹皮は黒褐色～灰褐色で平滑，薄く鱗片状にはがれる。葉は対生し，革質で多数の平行脈がある。雄花は円柱状で葉腋に束生し，雌花は葉腋に単生して１個の胚珠がある。種子は球形で白緑色に肥厚した鱗片に包まれるが，花托はイヌマキのように肥厚しない。写真は雌株で，花には萼や花弁はなく，種子のもとになる青白い胚珠が裸出する【2016/5/29 奄美市】

木本類

アダン　***Pandanus odoratissimus***　分布：トカラ列島〜琉球／　海岸低木林の前線に生える雌雄別株の常緑小高木。幹の基部から支柱根を出す。葉はかたく，縁にはまばらにとげがある。雄花序は枝先から垂れ下がる【上左：2014/6/1 奄美市，上右（雄花序）：2016/7/10 奄美市】

アダン　コバルトブルーの海とアダン独特の樹形，それと黄赤色に熟した集合果との組み合わせは，奄美を代表する情景の一つである【2016/8/10 奄美市】

クロツグ *Arenga engleri* 分布：トカラ列島～琉球／ 石灰岩地や低地の林内に生える。奄美大島では中南部の西側沿岸部でよく見かけた。葉は地際付近から出て，幹の基部は黒い繊維で密に覆われる。果実は橙黄色に熟す【2016/4/16 大和村】

クロツグ 徳之島や沖永良部島の石灰岩地に成立する林分では，クロツグの出現頻度が高くなる【2016/10/9 知名町】

木本類

チャラン ***Chloranthus spicatus*** 分布：中国原産／ 常緑の草本状低木。茎は緑色で節がふくれる。葉は革質で波状鋸歯縁。栽培品が野生化したものと思われる。センリョウ科【2014/9/13 奄美市】

センリョウ ***Sarcandra glabra*** 分布：本州（関東南部・紀伊半島以南）・四国〜琉球／ 林内で普通にみられる常緑低木。葉は対生し，表面に光沢があり，縁には鋭い鋸歯がある。花期は6〜7月。花は花弁や萼がなく，目立たない。果実は球形で朱色〜赤色に熟すが，黄色に熟すものをキミノセンリョウともいう。本土では正月の飾りとして重宝されるが，奄美ではあまり使われないようである。センリョウ科【上左：2015/12/19 奄美市，上右：2016/12/11 大和村】

ハスノハギリ ***Hernandia nymphaeifolia*** 分布：琉球／ 海岸近くに生える常緑高木。樹皮は平滑。葉は対生し，全縁で革質，表面に光沢があり，葉柄は楯状につく。花は白色〜黄白色で小さく，花序の枝先の中央に雌花が1個，その脇に雄花が2個つく。果実は袋状に膨らんだ苞につつまれる。ハスノハギリ科【2016/9/25 喜界町，（果実）：2016/11/26 喜界町】

バリバリノキ *Actinodaphne acuminata*　分布：本州（千葉県以西）～琉球／　雌雄別株の常緑高木。葉は互生し，やや枝先に集まって下垂してつく。葉身は長さ10㎝以上で細長く，薄い革質で全縁，表面は光沢があり，葉脈は裏面に隆起し，縁は波打つ。８月頃に淡黄色の小さな花を葉腋につけるが，目立たないためか撮影する機会に恵まれなかった【2016/4/16 大和村】

アカハダクスノキ *Beilschmiedia erythrophloia*　分布：トカラ列島～琉球／　常緑高木。樹皮は灰褐色で平滑。葉は対生あるいはやや互生する。葉身は革質で全縁，両面光沢があり，基部はややゆがんだくさび形。花期は夏。花序は腋生し，黄色の小さな花をつける。果実は楕円形で黒紫色に熟す。奄美群島では稀な樹木であるが，石灰岩地に成立する自然度の高い森林では出現頻度が高くなる【2016/7/23 伊仙町】

ニッケイ *Cinnamomum sieboldii*　分布：琉球（徳之島以南）／　石灰岩地の森林に生える常緑高木。葉は互生し，葉身は薄い革質で３行脈は平行に長く伸び，裏面は粉白色を帯びて少し伏毛がある。初夏の頃，葉腋に短い花序をだし，淡黄色の花をつける。果実は楕円形で黒紫色に熟す。根や樹皮には独特の辛味や芳香があるため，古くから栽培され，香料や薬用として利用されてきた【2016/10/22 伊仙町】

木本類

ヤブニッケイ *Cinnamomum yabunikkei* 分布：本州（関東・北陸以西）～琉球／ 海岸近くの森林や石灰岩地に成立している森林でよく見かける常緑高木。葉は互生し，革質で表面に光沢がある。葉身は3行脈が目立つが，2本の支脈はニッケイのように平行に葉の先まで伸びず，裏面は無毛で黄緑色または灰緑色である。新葉の4月下旬～5月頃，葉腋から長い花序をだし，淡黄色の花をつける。果実は球形または楕円形で黒紫色に熟す。葉をちぎるとクスノキ科特有の樟脳の香りがする【右：2016/11/26 喜界町】

シバニッケイ *Cinnamomum doederleinii* 分布：琉球（奄美大島以南）／ 海岸風衝地や高地の低木林を構成する常緑小高木。小枝や葉にははじめ絹毛があるが，のち無毛。葉は対生またはやや互生し，かたい革質で倒卵形または楕円形，3行脈が目立ち，脈は表面で凹み，裏面に隆起する。海岸の個体では葉の縁が裏面に強くそり返ったものが目につく。花序は分枝してまばらに淡黄緑色の花をつける。果実は楕円形で黒紫色に熟す【上左：2016/6/4 龍郷町，上右：2015/11/22 大和村】

マルバニッケイ *Cinnamomum daphnoides* 分布：九州南部～トカラ列島／ 海岸風衝地の低木林を構成する常緑小高木。シバニッケイに似るが，葉は倒卵形で葉の中央部から上で最も幅広くなり，先は円形，裏面は密に絹毛があって白っぽく見える。花序の分枝は短く，淡黄緑色の小さい花がかたまってつくように見える【右：2013/6/16 県本土（大隅半島）】

ハマビワ ***Litsea japonica*** 分布：本州（山口県・島根県）～琉球／ 海岸近くに生える雌雄別株の常緑高木。葉は互生し，葉身は革質で質厚く，表面には光沢があり，全縁で縁はやや裏面にそり返る。葉の裏面は綿毛が密生して黄褐色を呈する。花は黄白色で葉腋に密生してつく。果実は楕円形で灰紫色に熟す。和名は葉がビワの葉に似て海岸に生えることによる【2016/11/6 奄美市】

カゴノキ ***Litsea coreana*** 分布：本州（関東・福井県以西）～琉球／ 山地の林内に生える雌雄別株の常緑高木。葉は互生し，枝先にやや集まってつく。葉身は薄い革質で全縁，表面には光沢があり，裏面は灰白色。花は淡黄白色で葉腋に集まってつく。果実は倒卵状球形で赤く熟す。和名は樹皮の剥がれ落ちた跡が白くなって鹿の子模様になることによる。葉の特徴は少ないが，葉先が少し凸出し，クスノキ科にしては葉をちぎっても樟脳の香りがほとんどしないことなどが識別点になる【左：2016/12/18 天城町】

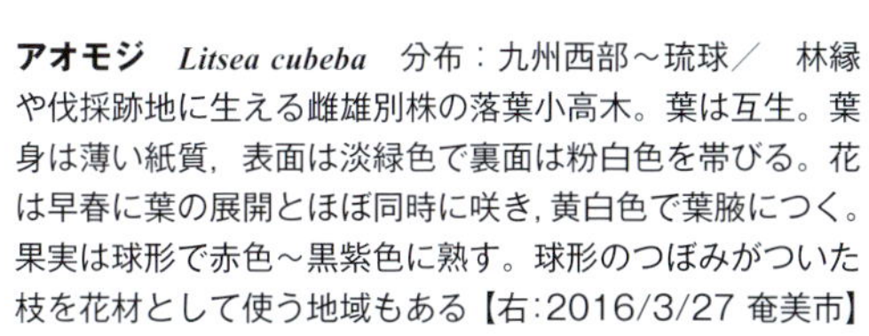

アオモジ ***Litsea cubeba*** 分布：九州西部～琉球／ 林縁や伐採跡地に生える雌雄別株の落葉小高木。葉は互生。葉身は薄い紙質，表面は淡緑色で裏面は粉白色を帯びる。花は早春に葉の展開とほぼ同時に咲き，黄白色で葉腋につく。果実は球形で赤色～黒紫色に熟す。球形のつぼみがついた枝を花材として使う地域もある【右:2016/3/27 奄美市】

木本類

タブノキ *Machilus thunbergii* 分布：本州～琉球／ 常緑樹林の林冠を構成する主要樹種の一つ。葉は互生し，枝先にやや集まってつく。葉身は革質で両面無毛，葉先は短くとがり，表面には光沢がある。葉をちぎるとかすかに樟脳の香りがする。新葉と花は同じ芽の中に入っており，葉の展開と同時に長い柄の先に黄緑色の小さな花をつける。新緑の頃に林内を歩くと，赤褐色をしたタブノキの芽鱗が林内の所々に落ちているのに気づく。果実は扁球形で黒紫色に熟す【2015/3/8 瀬戸内町】

ホソバタブ *Machilus japonica* 分布：本州（関東地方以西）～琉球／ 河川沿いでよく見かける常緑高木。葉はタブノキに似るが，やや細くて先が長く尖り，薄い革質で縁が波打つ。タブノキと違って新芽が赤味を帯びないのも識別点になる。新葉の脇から出る長い柄の先に黄緑色の小さな花をつける。果実は球形で黒紫色に熟す。別名アオガシ【2015/5/2 奄美市】

イヌガシ *Neolitsea aciculata* 分布：本州（関東地方以西）～琉球／ 山地の林内に生える雌雄別株の常緑高木。高地の低木林や尾根筋の林内でよく見かける。葉は互生し，枝先に集まってつく。シロダモに似て葉身は3行脈が目立ち，裏面は粉白色を帯びるがシロダモほど白くなく，葉柄も1㎝程度と短い。花は暗紅色で白い柱頭が目立つ。果実は楕円形で黒紫色に熟す【2016/3/20 徳之島町】

シロダモ ***Neolitsea sericea*** var. ***sericea*** 分布：本州〜琉球／ 山地の林内に生える雌雄別株の常緑高木。葉は互生し，枝先に集まってつく。葉身は革質で縁が波打ち，３行脈で裏面は灰白色，葉柄は２〜３㎝と長い。新葉は黄褐色の絹毛におおわれて垂れ下がる。花は黄褐色で葉腋に集まってつく。果実は楕円形で赤く熟す【左：2015/9/19 徳之島町，下（新葉）：2005/5/5 県本土（薩摩半島）】

河内川の常緑広葉樹林 ホソバタブは河川沿いに成立している常緑樹林の主要構成樹種である【2016/10/30 宇検村】

シキミ *Illicium anisatum* 分布：本州～琉球／ 山地に生える常緑高木。葉は互生して枝先に集まり，革質で厚く，葉脈は不明瞭，全縁で先は短く突き出る。新葉は赤味を帯びる。全体的に強い芳香があり，枝葉は仏事に使われる。果実は猛毒。マツブサ科【2016/1/4 大和村，(果実)：2016/7/18 大和村】

イスノキ *Distylium racemosum* 分布：本州（関東地方以西）～琉球／ 自然度の高い常緑樹林の高木層を構成する主要樹種。葉は互生し，革質で両面無毛，全縁あるいは若木では少数の浅い鋸歯がある。花には花被片がない。マンサク科【花：2016/3/13 奄美市，葉：2016/1/16 奄美市】

ヤマグルマ *Trochodendron aralioides* 分布：本州～琉球／ 山地の岩場や崖地で見かける常緑高木。葉は互生して枝先に輪生状に集まってつき，長い葉柄がある。葉身は革質で両面無毛，上部には波状鋸歯があり，裏面は緑白色で細脈まで見える。花には花被片がなく，果実は集合果で角状に残った花柱が目立つ。ヤマグルマ科【上左：2016/4/16 宇検村，上右（果実）：2016/6/19 宇検村】

イソヤマアオキ *Cocculus laurifolius* 分布：九州～琉球／ 林内に生える雌雄別株の常緑低木。小枝は緑色でやや扁平，稜がある。葉は互生し，葉身は薄い革質で鋭尖頭，両面光沢があり，裏面は緑色，葉身基部から出る３行脈のうち２つの脈は葉縁近くを走る。花は小さく，黄緑色。果実は球形で黒熟する。別名コウシュウウヤク。ツヅラフジ科【2014/6/22 奄美市】

オキナワツゲ 危惧Ⅰ *Buxus liukiuensis* 分布：琉球（喜界島以南）／ 石灰岩地の林内に生える常緑小高木。樹皮は灰白色。若枝は４稜形で微毛がある。葉は対生し，葉身は革質で表面には光沢があって不明瞭な側脈が平行に多数走り，葉先は鈍頭で少し凹む。花は小さく，花被片は目立たない。果実は球形で３個の花柱が角状に残る。ツゲ科【2015/2/7 沖永良部島】

ヒイラギズイナ *Itea oldhamii* 分布：琉球（奄美大島以南）／ 高地や河川沿いの林内で見かける常緑小高木。葉は互生し，葉身は革質でかたく，上部に波状鋸歯があるかまたは全縁，若木の葉ではヒイラギに似た鋭い鋸歯が出る。梅雨の初めの頃，ブラシのような総状花序を出す。花弁は白色で５個。果実はつぼ形で裂開する。ズイナ科【2016/5/22 大和村，（花）：2015/5/30 大和村】

ヤンバルアワブキ ***Meliosma arnottiana*** subsp. ***oldhamii*** 分布：本州（山口県）～琉球／ 谷筋や若齢二次林に多い半常緑高木。葉は互生し，奇数羽状複葉で小葉には低い鋸歯がある。花序は頂生し，汚白色の花を多数つける。果実は球形で赤熟する。春先の新葉は赤褐色で美しい。別名フシノハアワブキ【上左：2016/5/21 瀬戸内町，上右：2014/6/8 奄美市，右（果実）：2016/9/11 瀬戸内町】

ナンバンアワブキ ***Meliosma squamulata*** 分布：琉球（奄美大島以南）／ 常緑小高木。葉は互生して枝先に集まってつき，葉柄が著しく長い。4月頃に小さな白い花をつける。果実は黒熟する【上（未熟果）：2016/6/12 龍郷町】

ヤマビワ ***Meliosma rigida*** 分布：本州（伊豆半島以西）～琉球／ 常緑小高木。葉は互生して枝先に集まってつき，葉裏や若枝，花序，葉柄には褐色毛が密生する。葉身は革質で急鋭尖頭，鋭鋸歯縁，葉脈は裏面に隆起する。花序は頂生し，円錐花序で淡黄白色の花を多数つける。果実は球形で黒紫色に熟す【2016/5/8 宇検村】

ユズリハ ***Daphniphyllum macropodum*** var. ***macropodum*** 分布：本州～琉球（徳之島）／ 高地に生える雌雄別株の常緑小高木。葉は互生して枝先に集まってつき，葉柄は赤味を帯びる。葉身は革質でやわらかく，裏は粉白色で葉脈の網の目はヒメユズリハより大きい。琉球では徳之島のみ産する。ユズリハ科【上（葉）：2016/2/22 徳之島町】

ヒメユズリハ ***Daphniphyllum teijsmannii*** 分布：本州～琉球／ 沿岸部から高地までの林内に生える雌雄別株の常緑小高木。葉は互生して枝先に集まり，葉柄は帯紅色。葉身は革質でかたく，縁はやや内側に巻き，表面は深緑色で光沢があり，裏は粉白色で細かい網脈まで見える。花には花弁がない。ユズリハ科【上右：2016/4/10 奄美市】

ウラジロエノキ ***Trema orientalis*** 分布：小笠原・種子島・屋久島～琉球／ 谷筋や崩壊跡地に生えるパイオニア的な常緑高木。葉は互生し，葉身は基部が左右不相称，細鋸歯縁で表面はざらつき，裏面には白い綿毛が密生する。花は黄緑色。果実は卵球形で黒熟する。大木の樹幹はよく湾曲するので遠目でも見当がつく。アサ科【上左：2016/8/21 瀬戸内町，上右：2014/5/1 瀬戸内町】

クワノハエノキ ***Celtis boninensis*** 分布：本州（山口県）・九州～琉球／ 低地の明るい林縁に生える落葉高木。葉は互生し，葉身は紙質で基部は左右不相称，先は長鋭尖頭で上2/3に鈍鋸歯がある。花は葉の展開とほぼ同時に咲き，黄緑色で小さい。果実は球形で赤褐色に熟す。アサ科【上：2016/5/28 喜界町】

タイワンアキグミ *Elaeagnus thunbergii* 分布：琉球（奄美大島以南）／ 山地の林内に生える常緑低木で，枝はややつる状に伸長する。葉は互生し，葉身は紙質で先は尾状鋭尖頭，縁は波打ち，裏面は銀白色の鱗片でおおわれ，帯赤褐色の鱗片が散生する。花は黄白色。果実は広楕円形【2017/1/15 天城町】

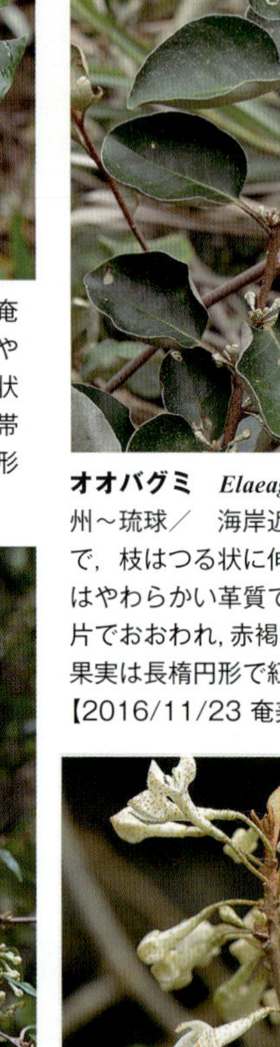

オオバグミ *Elaeagnus macrophylla* 分布：本州～琉球／ 海岸近くの林縁に生える常緑低木で，枝はつる状に伸長する。葉は互生し，葉身はやわらかい革質で広卵形，裏面は銀白色の鱗片でおおわれ，赤褐色鱗片が混じる。花は白色。果実は長楕円形で紅色に熟す。別名マルバグミ【2016/11/23 奄美市】

ツルグミ *Elaeagnus glabra* 分布：本州～琉球／ 山地の林縁に生える常緑低木で，枝はつる状に伸長する。葉は互生し，葉身は薄い革質で縁はあまり波打たず，葉の裏面や萼筒の外側は銀白色の鱗片が密生して赤褐色の鱗片が混じる。果実は楕円形で春頃に深赤色に熟す。茎はクビギといわれ，薬用として煎じる【上左：2015/11/23 大和村，上右：2016/12/4 大和村】

ヒメクマヤナギ *Berchemia lineata* 分布：琉球（奄美大島以南）／ 海岸の隆起サンゴ礁上や草地に生える矮性の半常緑性低木。枝を密に分枝しながら繁茂する。葉は互生し，葉身は全縁で円頭微凹端，裏面は帯灰白色。花は白色。果実は球形で黒紫色に熟す【2016/10/8 知名町】

クロイゲ *Sageretia thea* 分布：四国（高知県）・九州西部・琉球／ 海岸近くに生える常緑性低木。小枝は刺状になり，枝を密に分枝しながら繁茂する。葉は互生またはやや対生し，葉身は革質で表面には光沢があり，縁には波状細鋸歯がある。花は淡黄色。果実は球形で黒紫色に熟す【2016/11/13 知名町】

ヤエヤマネコノチチ *Rhamnella franguloides* var. *inaequilatera* 分布：琉球（奄美大島以南）／ 低地から山地の河川沿いや湿気のある林縁に生える落葉小高木。葉は２枚ずつ互生し，葉身は尾状鋭尖頭で表面に光沢があり，縁は鈍鋸歯縁で波打つ。花は淡黄色。果実は円柱状長楕円形で黄色や赤色を呈したのち黒熟する【上左：2016/8/13 奄美市，上右：2016/6/11 宇検村】

リュウキュウクロウメモドキ *Rhamnus liukiuensis*　分布：トカラ列島～琉球／低地の林縁に生える雌雄別株の落葉小高木で樹皮はサクラに似る。葉は互生し，葉身は紙質で両面無毛，先は急鋭尖頭で細鋸歯がある。花は黄緑色で３月下旬～４月上旬に開花する。果実は扁球形で黒色に熟す。奄美大島では，西南部の落葉樹が優占する林分で稀に見かける【2016/12/4 大和村】

ナガミクマヤナギ *Berchemia racemosa* f. *stenosperma*　分布：琉球（奄美大島以南）／　山地の林縁に生えるつる性の落葉低木。葉は互生し，葉身は両面無毛で裏面はやや灰白色を帯び，全縁で７対前後の側脈が平行に伸びる。花は緑白色で花序軸は無毛。果実は短い円柱状で赤色を呈したのち黒熟する【2016/7/23 徳之島町】

ヤエヤマハマナツメ *Colubrina asiatica*　分布：琉球（沖永良部島以南）／　海岸林に生える半つる性の常緑低木。葉は互生し，葉身は紙質で両面に光沢があり，先は急鋭尖頭で鈍鋸歯縁。花被片は緑白色で雌しべを取り囲む肉質の黄色い花盤が目立つ。果実はやや円柱状の球形【左：2014/8/17 知名町，下：2016/10/8 知名町】

喜界島の巨大ガジュマル　手久津久地区にある巨大ガジュマルは下から見上げた樹形がとても美しい。町指定の天然記念物になっている【2016/9/25 喜界町】

ガジュマル　*Ficus microcarpa*　分布：種子島・屋久島～琉球／　海岸近くに生える常緑高木。幹から多数の気根を垂らし，地面についたものは支柱根となって樹体を支える。葉は互生。イチジク状の花のう内部には多数の花があり，のち黒紫色に熟す。海岸に面した集落にあるガジュマルの木陰で憩う住民の姿は，奄美ならではの情景である【2016/8/21 瀬戸内町】

アコウ *Ficus subpisocarpa* 分布：本州（紀伊半島）・四国～琉球／ 海岸から山地の林内に生える常緑高木。樹形はガジュマルに似るが支柱根はなく，葉身は楕円形で大きく，葉柄も長い。また，ガジュマルと違い，幹にもイチジク状の花（果）のうをつける。ガジュマルとともに「絞め殺し植物」とも言われ，他の樹上で発芽・生長し，気根が地面に到達すると急速に生長して宿主の樹木を枯らしてしまう【2015/11/23 大和村，右（気根）：2016/7/10 瀬戸内町】

ホソバムクイヌビワ *Ficus ampelas* 分布：琉球（奄美大島以南）／ 山地の林内に生える雌雄別株の常緑小高木。樹皮は黒褐色で気根は出さない。葉身は紙質で尾状鋭尖頭，基部は鋭形でやや不相称，両面は小枝とともにざらつく。果のうは赤色～暗赤色に熟す【2016/8/14 奄美市】

ハマイヌビワ *Ficus virgate* 分布：トカラ列島～琉球／ 海岸近くや石灰岩地の林内でよく見かける雌雄別株の常緑中高木。樹皮は灰色で樹幹下部から気根を出す。葉は互生し，葉身は厚い革質で両面無毛。果のうは赤色～暗赤色に熟す【2016/6/4 奄美市】

イヌビワ ***Ficus erecta*** var. ***erecta***
分布：本州（関東地方以西）～琉球 ／ 人里から山地の林内まで普通に生える雌雄別株の落葉小高木。果のうは黒紫色に熟し，雌果のうは食べられる。葉が細長いものは品種のホソバイヌビワとして区別するときもある。Ficus（イチジク属）の植物には葉柄つけ根に枝を一周する輪（托葉の落ちた痕）があり，枝葉を傷つけると白い乳液を出すという特徴がある【2017/7/30 県本土（薩摩半島）】

アカメイヌビワ ***Ficus benguetensis***
分布：琉球（奄美大島以南）／ 低地から山地にかけての川沿いなど湿潤な林内に生える雌雄別株の常緑中高木。葉は互生。新葉は赤褐色を帯び，葉柄や若枝には粗い毛がある。葉腋に1，2個の花のうをつけるが，幹からも短枝を出し，そこに多数の花のうをつける。奄美群島で幹生花（果）をつける樹種はアコウとアカメイヌビワの2種のみ【2016/3/6 宇検村，（幹生果）：2017/2/18 伊仙町】

オオバイヌビワ ***Ficus septica*** 分布：琉球（奄美大島以南）／ 海岸近くや石灰岩地の林内に生える雌雄別株の常緑中高木。全株無毛。葉は互生まれに対生し，葉身は厚く，楕円形で大きいもので長さ20㎝程度になる。花のうは葉腋につき，表面に白い皮目が散生する【2016/5/28 喜界町】

木本類

カジノキ *Broussonetia papyrifera* 分布：本州（関東地方以西）～琉球／ 低地の林内に生える雌雄別株の落葉中高木。葉は互生まれに対生。葉身は質厚く，縁には細かい鈍鋸歯があり，表面は短毛が散生してしわが多く，裏面は葉柄や若枝とともにビロード状の毛がある。幼木では葉身が３～５深裂したものが多いが，成木では深裂しないものが多い。雄花序は太く長い円筒形，雌花序は球形で赤色をした糸状の花柱が目立つ。集合果は球形で赤色に熟す。繊維をとるために古くから各地で栽培されている。奄美大島では西南部の海岸近くで見かける【上左（雄花序）：2016/4/10 大和村，上右（果実）：2015/7/4 大和村】

シマグワ *Morus australis* 分布：北海道～琉球／ 低地から山地の林内に生える雌雄別株まれに同株の半落葉小高木。若枝は無毛。葉は互生し，葉身は表面がざらつき，尾状鋭尖頭で縁には粗い鋸歯がある。幼木の葉身は深裂して形も変化に富むが，成木になるにつれて深裂しないものが多くなる。雄花序は円筒形，雌花序は楕円形。集合果は楕円形で黒紫色に熟し，食べられる。別名ヤマグワ【果実：2015/5/4 大和村，（雄花序）：2016/4/16 大和村】

カカツガユ *Maclura cochinchinensis* 分布：本州（山口県）・四国南部～琉球／ 低地から山地の林縁に生える雌雄別株の常緑低木。枝はつる状に伸びて鋭い刺がある。葉は互生し，葉身はやや革質で両面無毛，表面には光沢があり，裏面は網脈が見える。成木の葉身は全縁だが，幼木では数対の浅い歯牙が出る。花序は球形。集合果は球形で橙色に熟し，食べられる【果実：2016/11/23 龍郷町】

ヤナギイチゴ *Debregeasia orientalis* 分布：本州南部～琉球／ 湿った林縁に生える雌雄別株の落葉低木。葉身は細鋸歯縁で表面にはしわが多く，裏面は白綿毛が密生する。集合果は食べられる。イラクサ科【2015/5/10 奄美市】

ハドノキ *Oreocnide pedunculata* 分布：本州（紀伊半島南部）・四国・九州南部～琉球／ 谷沿いや湿った林縁に生える雌雄別株の落葉低木。集合果は有柄。イラクサ科【2016/3/13 奄美市，(集合果)：2015/11/23 大和村】

コアカソ *Boehmeria spicata* 分布：本州～九州／ 山地の湿った林縁に生える半低木で，茎や葉柄は赤褐色を帯びる。葉は対生し，葉身は粗鋸歯縁で先は3裂せずに尾状に尖る。イラクサ科【2016/8/28 宇検村】

ヤマモガシ *Helicia cochinchinensis* 分布：本州（東海地方以西）～琉球／ 山地に生える常緑高木。葉は互生し，葉身は薄い革質で全縁，若木の葉には鋸歯がある。花は総状花序で黄白色の花がブラシ状につく。ヤマモガシ科【2010/7/31 薩摩半島】

デイゴ *Erythrina variegata* 分布：インド・東南アジア原産／ 海岸近くに植栽される落葉高木。葉は互生し，3出複葉で小葉は菱形状広卵形。花序は頂生し，葉の展開前に朱赤色の花を咲かせる。豆果は海流にのって散布される。2006年頃，葉や葉柄，新梢に虫こぶをつくるデイゴヒメコバチが奄美大島に侵入し，島内各地のデイゴ並木で被害が発生して多くの大木が枯死した。よく似たアメリカデイゴ（カイコウズ）は小葉が卵形で葉柄に刺がある【上と左：2016/5/21 瀬戸内町】

イソフジ *Sophora tomentosa* 分布：小笠原・琉球（奄美大島以南）／ 海岸の砂浜に生える落葉低木。葉は互生し，葉身は奇数羽状複葉で小葉は質厚く，楕円形で表面ははじめ白い軟毛があり，裏面や若枝，花序や豆果には白い軟毛が密生する。花は黄色。豆果は数珠状で表面に密毛がある。奄美大島での分布は稀であり，野生のものを撮影する機会に恵まれなかった【左：2014/9/23 瀬戸内町植栽】

シマエンジュ *Maackia tashiroi* 分布：本州（紀伊半島）・四国南部・九州～琉球／ 海岸近くに生える落葉小高木で小枝を折ると悪臭がする。葉身は奇数羽状複葉で小葉はやや革質，裏面に短毛がある。花序は褐色の短毛が密生し，淡黄色の花を多数つける【2015/6/20 大和村，（果実）：2016/10/8 知名町】

クロヨナ *Pongamia pinnata* 分布：屋久島・琉球（奄美大島以南）／ 河口や海岸に生える常緑小高木。葉は互生し，奇数羽状複葉で小葉は３～７枚あり，表面は濃緑色で光沢がある。花は淡紅紫色。豆果は楕円形で木質，海流によって散布される【2016/5/21 瀬戸内町，（果実）：2015/9/21 奄美市】

ハマセンナ *Ormocarpum cochinchinense* 分布：琉球（奄美大島以南）／ 海岸近くの林縁に生える落葉低木。葉は互生し，奇数羽状複葉。小葉は膜質で両面無毛，裏面はやや白色を帯び，網脈が見える。花は淡黄色で紫褐色の条が目立つ。節果には２～４節あり，果実は海流によって散布される【2015/8/29 瀬戸内町】

ネムノキ ***Albizia julibrissin*** var. ***julibrissin*** 分布：本州～琉球／ 落葉中高木。葉は互生し，２回羽状の偶数複葉で羽片は10対程度。小葉は25～30対つき，幅３～４㎜，長さ10～15㎜程度。花は頭状に集まり，筒状の花弁から抽出した桃紅色の雄しべが目立つ。熊本県天草やトカラ列島に分布するヒロハネム var. *glabrior* は羽片が５対前後，小葉が10～15対と数が少なく，小葉は幅５～９㎜，長さ15～25㎜とネムノキよりもひと回り大きい【上左：2016/6/11 宇検村，上右：2016/9/25 喜界町】

ギンネム ***Leucaena leucocephala*** 分布：熱帯アメリカ原産／ 低地の荒地や農耕地周辺で野生化している常緑低木。葉は互生し，２回羽状の偶数複葉で小葉はネムノキより小さく，表面はやや青白色を帯び，羽片や小葉はネムノキよりもまばらにつく。花序は球形で白色の小花が密につく。豆果は長さ15㎝程度【2016/11/26 喜界町】

ソウシジュ ***Acacia confusa*** 分布：台湾・フィリピン原産／ やせ地でも生育可能な常緑高木で，かつては荒廃地の造林樹種や農耕地の防風樹として植栽された。葉身は退化し，葉柄が扁平になって多少鎌状に曲がり，葉身の形を呈する。花序は球形で黄色の小花が密につく【2014/8/27 奄美市】

タイワンハギ *Lespedeza thunbergii* subsp. *formosa*　分布：台湾・中国南西部原産／　琉球で野生化している落葉低木。葉は3出複葉で小葉の裏面や葉柄には伏毛が密生する。花は他のハギよりも大きく，紅紫色で鮮やか。別名リュウキュウハギ【左：2016/10/8 知名町】

奄美大島の道路法面には，緑化工で侵入したと思われるヤマハギの仲間が数種類見られるが，同定は難しい。下写真はビッチュウヤマハギ subsp. *thunbergii* f. *angustifolia* の近縁種と思われる【下：2016/9/3 大和村】

オクシモハギ *Lespedeza davidii*　分布：中国原産／　道路法面で野生化している落葉低木。茎には稜があり，軟毛が密生する。葉は3出複葉で小葉はヤマハギの仲間では最も大きく，質厚くて両面に軟毛がある【左：2016/9/3 奄美市】

マルバハギ *Lespedeza cyrtobotrya*　分布：本州～九州／　道路法面の緑化工で侵入したと思われる落葉低木。花序は基部の葉よりも短いため，葉に埋もれるように花をつける。葉は3出複葉で小葉の先はやや凹み，表面は無毛で裏面は有毛【2016/9/3 大和村】

木本類

トクサバモクマオウ ***Casuarina equisetifolia*** 分布：オーストラリア原産／ 海岸の砂浜に防風樹として植栽され，ときに野生化している雌雄同株の常緑高木。葉状枝は長さ20㎝程度で先は垂れ下がり，縦に溝があって節には葉の退化した鱗片葉が7個輪生する。雄花序は細い円筒形で葉状枝の先につき，雌花序は球形で普通枝につく。集合果は楕円形。本種に似たカニンガムモクマオウ *C. cunninghamiana* は雌雄別株で鱗片葉はふつう8個。モクマオウ科【2016/12/3 龍郷町，（集合果と雄花序）：2016/7/9 奄美市】

オオバヤシャブシ ***Alnus sieboldiana*** 分布：本州／ 砂防用や荒廃地復旧用に植栽され，ときに野生化している落葉小高木。枝には円形の皮目が目立つ。葉は互生し，葉身は長卵形で直線的な側脈が平行に斜上し，基部は左右わずかに不相称，縁には鋭い重鋸歯がある。花は葉の展開とほぼ同時に咲く。雌花序は枝先の葉芽の下につき，その下に太い円柱状で先が垂れた雄花序がつく。果穂は広楕円形。カバノキ科【2016/9/22 奄美市】

ヤマモモ ***Morella rubra*** 分布：本州（関東地方以西）～琉球／ 山地の乾いた林内に生える雌雄別株の常緑高木。葉は互生し，葉身は全縁または低鋸歯がまばらにあり，萌芽枝では粗い鋭鋸歯が出る。雄花序は穂状，雌花序は円筒状で花被はない。果実は球形で暗赤色に熟し，食べられる。ヤマモモ科【上左（雄花序）：2016/3/6 宇検村，上右（果実）：2016/5/21 瀬戸内町】

ホルトノキ *Elaeocarpus zollingeri*　分布：本州（千葉県以西）～琉球／　山地に生える常緑高木。葉はだらだらと入れ替わるので，年間を通して紅葉した葉が樹冠のどこかにかある。葉は互生して枝先にやや集まり，葉身はやわらかい革質で鈍鋸歯縁，裏面の葉腋には膜質の付属物がある。花序は腋生し，花冠は白色で花弁は糸状に細かく裂ける。果実は楕円形で黒紫色に熟す。ヤマモモに似るが，ヤマモモの葉はごわごわして厚く，紅葉した葉を一年中つけることはない【左：2016/6/11 宇検村，上（樹皮）：2016/4/2 瀬戸内町】

コバンモチ *Elaeocarpus japonicus*　分布：本州（紀伊半島・中国地方）・四国～琉球／　山地の谷筋や湿潤地を好む常緑高木。ホルトノキと同様に年間を通して紅葉した葉が見られる。葉は互生してやや枝先に集まり，葉柄は長く，付け根はやや膨らんで赤みを帯びる。葉身は鈍鋸歯縁で裏面は白色を帯び，葉腋には膜質の付属物がある。花序は腋生し，淡黄緑色の小さな花を下向きにつける。果実は楕円形で黒紫色に熟す【右：2016/8/10 龍郷町，上（樹皮）：2016/4/2 瀬戸内町】

リュウキュウイチゴ *Rubus grayanus* 分布：九州南部～琉球／ 山地の林縁に生える落葉小低木。茎に刺はないかまばらにある。葉は単葉で互生し，葉身は卵形～卵状楕円形で分裂せず，縁には浅い鋸歯がある。葉柄や葉脈は赤みを帯びる。花は腋生で下向きに咲く。集合果は橙色に熟して美味しい【上:2015/2/15 瀬戸内町，左:2016/4/30 徳之島町】

オキナワバライチゴ *Rubus okinawensis* 分布：本州（静岡県）・四国南部・九州南部～琉球／ 山地の林縁に生える落葉小低木。茎や枝にはかぎ状の刺と紅紫色の腺毛がある。葉は奇数羽状複葉。小葉は５～９枚で無毛，重鋸歯縁。花は枝先につく。集合果は赤熟して食べられる。別名リュウキュウバライチゴ【2015/2/15 瀬戸内町，（果実）：2014/5/6 宇検村】

ホウロクイチゴ *Rubus sieboldii* 分布：本州（関東地方以西）～琉球／ 山地の林縁に生える常緑小低木。茎は上方に伸びて他物に寄りかかるように繁茂する。全体に淡褐色の綿毛が密生し，刺が疎生する。葉はほぼ円形で厚く，縁には浅い切れ込みと不ぞろいの鋸歯がある。花は腋生。集合果は大きく，赤熟して美味しい【2016/3/21 徳之島町】

テリハノイバラ ***Rosa luciae*** 分布：本州～琉球／ 海岸に生える匍匐性の常緑低木。茎は無毛でかぎ状の刺がある。葉は互生し，奇数羽状複葉。小葉は7～9個で質厚く，粗鋸歯縁，表面に光沢がある。琉球に分布するものには花序や萼に腺毛があり，これをリュウキュウテリハノイバラ f. *glandulifera*という【上：2014/6/1 奄美市】

アマミフユイチゴ ***Rubus amamianus*** 分布：奄美大島･徳之島／ 高地の林内に生える匍匐性の常緑小低木。茎は細く，刺が散生する。葉身は円形で不ぞろいの細鋸歯があり，両面には刺が散生し，裏面には短軟毛が密生する。花序は頂生し，数個の花をつける。奄美大島の渓流には葉の直径が3～4㎝と小さく，花序には小さい花が1個しかつかないコバノアマミフユイチゴ var. *minor* が分布する【左上：2014/5/31 大和村，左（果実）：2016/7/16 大和村】

テンノウメ ***Osteomeles anthyllidifolia*** var. ***subrotunda*** 分布：屋久島～琉球／ 海岸の隆起サンゴ礁上に生える匍匐性の常緑小低木。茎は太く，若枝には白軟毛が密生する。葉は互生し，奇数羽状複葉。小葉は5～8対，楕円形で円頭または凹頭で全縁，はじめ両面とも白伏毛がある。花序にも白伏毛が多い。盆栽としてよく栽培されている【2016/4/14 知名町】

シャリンバイ ***Rhaphiolepis indica*** var. ***umbellata*** 分布：本州～琉球／ 海岸から高地にかけてのやせ地や尾根筋に生える常緑小高木。葉は枝先に車輪状に集まってつく。葉身は革質で光沢があり，鈍鋸歯縁または全縁，裏面は細かい網脈まで見える。花序は枝先につき，円錐状で梅の花に似た白い花を多数つける。果実は球形で黒紫色に熟す。葉が細いものをシャリンバイ，葉がまるいものをマルバシャリンバイと区別することもある【右：2016/4/9 奄美市】

バクチノキ ***Laurocerasus zippeliana*** 分布：本州（関東南部以西）～琉球／ 山地の谷筋や渓流沿いなどの湿潤な場所に生える常緑高木。樹皮は灰褐色だが，老木になるほど樹皮が鱗片状にはがれ，紅黄色を呈する。葉は互生し，葉身は革質で長楕円形，縁には先が腺になった鋭鋸歯があり，葉柄の上部に1対の蜜腺がある。総状花序は腋生し，花は白色で花弁は5個，花からつき出た多数の雄しべが目立つ。果実は長楕円形で黒紫色あるいは紅紫色に熟す【左上（花）：2016/11/20 奄美市，左：2016/10/23 奄美市，（樹幹）：2016/12/17 伊仙町】

オオカナメモチ 危惧Ⅰ ***Photinia serratifolia*** 分布：琉球（奄美大島以南）／ 山地に生える常緑高木。葉は互生し，葉身は革質で長楕円形，長さ10～20㎝で急鋭尖頭，縁には細かい鋸歯がある。花序は大きく，枝先について多数の花をつける。個体数が少なく，目立った特徴もないため，開花時期でなければその存在に気付きにくい【2014/5/4 奄美大島】

オキナワジイ　新緑の頃，奄美大島の森林はクリーム色をしたオキナワジイの花と，その鼻をつく甘い匂いにつつまれる【2016/4/10 奄美市】

オキナワジイの二次林　奄美大島の森林は，主に伐採後に萌芽更新したオキナワジイの二次林で占められている【2016/1/31 瀬戸内町】

オキナワジイ　*Castanopsis sieboldii* subsp. *lutchuensis*
分布：琉球（奄美大島以南）／　本土に広く分布するスダジイの亜種。葉身は表面に光沢があり，全縁あるいは波状鋸歯縁で裏面は灰褐色を帯びる。殻斗の鱗片状突起の先はスダジイと違ってそり返らず，殻斗に合着する。シイタケ栽培のほだ木として利用される。奄美での呼び名はイタジイが一般的【上：2015/11/1 龍郷町】

オキナワウラジロガシ　板根がよく発達する。奄美大島では小さな集団で分布するが，徳之島では山地の谷沿いでオキナワウラジロガシ林と呼べるような林分に出会える【2014/11/11 奄美市】

オキナワウラジロガシ　*Quercus miyagii*　分布：琉球（奄美大島以南）に固有／山地の谷沿いや斜面下部の肥沃な林内に生える常緑高木。若枝には皮目が目立つ。葉は互生し，葉身は披針状長楕円形で先は尾状鋭尖形，縁は全縁で波打つかまたは低鋸歯がまばらにあり，裏面は灰緑色を呈する。葉柄は２～３㎝と長い。新葉は黄緑色。堅果は扁球形で直径が2.5㎝程度あり，他のドングリに比べはるかに大きい【上左（新葉）：2016/3/5 龍郷町植栽，上右：2015/11/7 奄美市，右（堅果）：2015/11/1 奄美市】

ウラジロガシ *Quercus salicina* 分布：本州～琉球／山地の適潤な立地を好む常緑高木。渓流沿いではたくさんの着生植物をつけた大木を見かける。若枝には円形の皮目が目立ち，灰白色を呈する。葉は互生し，葉身は長楕円状披針形で鋭尖頭，上方の2/3に低くて鋭い鋸歯があり，裏面は粉白色を呈する。堅果は広卵状楕円形【上と左：2014/11/16 奄美市】

マテバシイ *Lithocarpus edulis* 分布：本州～琉球／山地に生える常緑高木。薪炭用として昔は各地で植栽され，本土では純林も見かけるが，奄美大島では海岸に面した尾根筋で見かけたぐらいだった。樹皮は灰褐色。葉は枝先に集まってつく。葉身は質厚く，ごわごわした感じがあり，長楕円形で全縁。堅果は長楕円形でアマミアラカシより大きく，食用にもなる【上：2016/9/10 瀬戸内町】

アマミアラカシ *Quercus glauca* var. *amamiana* 分布：琉球（奄美大島以南）／ 山地に生える常緑高木。徳之島の石灰岩地に成立している森林では個体数が多く，根元付近から多数の萌芽枝を出した大木をよく見かける。小枝は灰白色の皮目が目立つ。葉は互生し，葉身は倒卵状長楕円形で上方の1/2に鋭鋸歯または鈍鋸歯があり，裏面は淡白色または淡緑色を呈する。堅果は長楕円形で本土に自生するアラカシよりも細長い【上：2015/11/8 瀬戸内町，(堅果)：2016/12/10 瀬戸内町】

木本類

モクレイシ *Microtropis japonica* 分布：本州（房総半島南部・神奈川県・伊豆半島・伊豆七島）・九州南部～琉球／ 山地の林内に生える雌雄別株の常緑小高木。若枝は暗紫色を帯びる。葉は対生し，葉身は革質で楕円形または卵形，全縁で細脈は目立たない。花序は腋生し，黄緑色の花をつける。花弁は5個。果実は楕円形で緑色のまま熟して2裂し，赤色の種子を露出させる【左（花と果実）：2015/2/7 知名町】

リュウキュウマユミ *Euonymus lutchuensis* 分布：九州南部～琉球／ 林縁に生える常緑低木。小枝は細く，緑色でややしな垂れる。葉は対生し，葉身は薄い革質で披針状長楕円形，長鋭尖頭でまばらに低い鋸歯があり，両面無毛。花序は腋生し，細い花序柄を下垂させて黄緑色の花をつける。花弁は4個。果実は4個の分果からなるが，そのうち1～2個だけが発達し，裂開して朱色の仮種皮に包まれた種子を出す【上左：2016/11/12 知名町，上右：2016/4/30 徳之島町】

マサキ *Euonymus japonicus* 分布：北海道～琉球／ 海岸の岩場や海岸林の林縁に生える常緑低木。樹皮は暗緑色。葉は対生し，葉身は楕円形で質厚く，両面無毛で縁には浅い鋸歯がある。花は黄白色。果実は球形で紅色に熟して4裂し，中から橙赤色の仮種皮に包まれた種子が4個あらわれる。防風樹や生垣として植栽される。よく似たコクテンギはマサキよりも全体的に大きく，葉は長楕円形で細鋸歯がある【2016/6/12 奄美市】

コクテンギ *Euonymus carnosus* 分布：九州中南部～琉球／ 海岸林を構成する常緑小高木。葉は対生するが，３輪生または枝先に集まってつくこともある。葉身は革質で長楕円形，両面無毛で縁には低い細鋸歯がある。花は淡黄色。果実は扁球形で淡紅色に熟して４裂開し，中から朱色の仮種皮に包まれた種子が４個あらわれる。種子は楕円形，黒褐色で光沢がある【上左：2016/6/12 奄美市，上右：2016/12/3 奄美市】

ハリツルマサキ *Gymnosporia diversifolia* 分布：琉球（奄美大島以南）／ 海岸の隆起サンゴ礁上でよく見かける半つる性の常緑低木。盆栽としてよく植栽されている。茎は岩上をはい，長枝の葉腋には刺がある。葉は互生または短枝では束生し，葉身は革質で倒卵形，先は円頭または凹頭で縁には円鋸歯がある。花は白色。果実は倒卵形で赤熟する【上左：2016/10/8 知名町，上右：2016/10/9 知名町】

シマサルスベリ ***Lagerstroemia subcostata*** var. ***subcostata*** 分布：琉球（喜界島・奄美大島・徳之島）／ 山地の川沿いや谷筋に生える落葉高木。樹皮は茶褐色でよく剥がれ，その痕が白色の斑紋状になる。葉は対生または枝先で互生して短柄があり，葉身は楕円形で全縁，葉先はやや突出する。花序は頂生し，花弁は白色で不規則なしわがあってやや縮れる。雄しべは多数あり，外側のものだけが長く伸びる。果実は長楕円形【2015/7/4 大和村，(樹幹)：2014/8/24 奄美市】

ミズガンピ ***Pemphis acidula*** 分布：琉球（奄美大島以南）／ 海岸の隆起サンゴ礁上に生える常緑低木。枝はよく分枝し，隆起サンゴ礁を覆うように群生する。葉は対生し，葉身は厚く無柄，全縁で両面に灰白色の毛が密生する。花序は腋生し，白色の花を周年咲かせる。果実は萼筒に包まれ，褐色に熟す【左:2015/8/13 喜界町，上：2014/9/7 喜界町】

メヒルギ *Kandelia obovata* 分布：九州（鹿児島県南部）～琉球／ 常緑小高木。マングローブ林を構成する代表的樹種。地際部はやや板根状で樹皮は剥がれやすい。葉は対生し，葉身は革質で先は鈍頭，全縁で表面には光沢があり，葉脈は不明瞭。花序は腋生し，白い花弁のように平開したものは萼片であり，花弁はその内側にあって先が糸状に深裂する。果実は卵形で樹上で発芽（胎生発芽）してこん棒状となり，落下して泥地に刺さり生育する【上全て：2015/7/12 奄美市】

オヒルギの膝根 膝根（しっこん）には空気を取り入れる役目がある【上:2015/7/12 奄美市】

オヒルギ *Bruguiera gymnorhiza* 分布：琉球（奄美大島以南）／ 常緑高木。マングローブ林の構成樹種。奄美大島ではメヒルギよりも陸側に生え，個体数はメヒルギに比べると極めて少ない。支柱根は少なくて短いが，地中から膝のように曲がった呼吸根を出す。葉は対生し，葉身は革質でメヒルギよりも大きく，葉先が尖る。花序は腋生し，萼は濃い紅色で先が櫛の歯状に裂ける。花弁は萼片の内部にあって目立たない。果実は胎生発芽し，こん棒状となって落下する【上：2015/7/12 奄美市】

オオシマコバンノキ *Phyllanthus vitis-idaea* 分布：トカラ列島～琉球／ 沿岸部の林縁や海岸低木林に生える常緑低木。葉は互生するが，茎から分枝した小枝に2列に並んでつくので複葉のように見える。葉身は膜質で楕円形，全縁で裏面は緑白色。花は腋生し，帯緑色できわめて小さい。果実は球形で淡紅色に熟す【2015/8/23 奄美市】

ヤマヒハツ *Antidesma japonicum* 分布：本州（和歌山県）・四国～琉球／山地に生える雌雄別株の常緑低木。葉身は薄い革質で全縁，先はやや伸びて鋭尖頭，基部は左右不相称。花は小さく，花弁はない。果実は紅色を経て黒熟する【左：2014/6/22 奄美市，上：2015/11/1 龍郷町】

カキバカンコノキ *Phyllanthus nitidus* 分布：種子島・屋久島～琉球／ 沿岸部から山地にかけての湿潤な林内や湿地に生える常緑小高木。葉は互生し，葉身はかたく，卵状長楕円形で全縁，表面には光沢がある。花序は腋生し，淡黄色の小さな花をつける。果実は扁球形で熟すと裂開し，朱色の種子があらわれる【2015/7/4 大和村】

カンコノキ *Phyllanthus sieboldianus* 分布：本州（近畿以西）・四国～琉球／ 沿岸部に生える雌雄別株の半落葉低木。小枝の短枝はしばしば刺状になる。葉は互生し，葉身は倒卵形で上部が幅広く，基部はしだいに細くなる。花は淡黄色で葉腋に束生する。果実は扁球形で熟すと裂開し，朱色の種子があらわれる【2015/8/22 奄美市】

ウラジロカンコノキ *Phyllanthus triandrus* 分布：琉球（奄美大島以南）／ 山地の林縁に生える常緑小高木。葉は2列互生するので，特に若木では複葉に見えやすい。葉身の基部はやや左右不相称で裏面は灰白色を帯び，葉柄には剛毛がある。花は淡黄色で葉腋に束生する。果実は扁球形で熟すと裂開する。種子は朱色【2014/5/6 宇検村，（果実）：2016/12/4 大和村】

アカギ ***Bischofia javanica*** 分布：東アジア～オーストラリア原産／ 雌雄別株の常緑高木。人里周辺や山地の林縁で野生化し，特に石灰岩地の林内で繁茂している。樹皮は赤褐色で鱗片状にはがれる。葉は互生し，3出複葉で葉柄は長く，小葉は卵状楕円形で鋭尖頭，縁には鈍鋸歯がある。花序は腋生し，黄緑色の小花を多数つける。果実は扁球形で褐色に熟す。学校や墓地，拝所では大木が見られ，保存樹に指定されているものもある【上左：2016/4/14 知名町，上右：2016/11/12 知名町】

アマミヒトツバハギ ***Flueggea trigonoclada*** 分布：九州南部～琉球／ 海岸近くの林縁や隆起サンゴ礁上に生える雌雄別株の半常緑低木。小枝は緑色。葉は互生し，葉身は楕円形～倒卵形で円頭，裏面はやや白みを帯び，葉脈が突出する。花は淡緑色で腋生する。果実は扁球形で熟すと裂開する。種子は褐色【上と右：2015/8/20 和泊町】

アカメガシワ ***Mallotus japonicus***
分布：本州～琉球／　人里周辺から山地にかけての林縁や伐採跡地に普通に生える雌雄別株の半落葉小高木。葉は互生し，葉身は広卵形～5角形状で全縁または波状縁，両面とも星状毛があり，裏面には腺点が密にある。葉柄は長く，紅色を帯びる。花序は頂生し，淡黄色の小花をつける。花に花弁はない。果実は扁球形で刺状突起が密生する。和名は若葉が鮮やかな紅色を呈することに由来する【2015/5/3 奄美市】

オオバギ ***Macaranga tanarius*** 分布：琉球（奄美大島以南）／　沿岸部の林縁に生える雌雄別株の常緑小高木。葉は互生し，長い葉柄は葉身に楯状につき，そのつけ根から葉脈が放射状に出る。葉身は三角状卵形で先はやや尾状に伸び，全縁あるいは鋸歯縁で裏面には腺点が密生する。花序は腋生し，黄緑色の小花をつける。花に花弁はない。果実は扁球形でうすい蝋質の腺点におおわれ，長い軟刺がある【2014/5/1 瀬戸内町】

シラキ ***Neoshirakia japonica*** 分布：本州～琉球／　山地に生える落葉小高木。小枝を折ると白い乳液を出す。葉は互生し，葉身は卵状楕円形で全縁，裏面は緑白色で葉身の基部や裏面の側脈の先に腺点がある。花序は頂生し，黄色の小花をつける。花に花弁はない。果実は扁球形で熟すと3裂する。和名は材が白いことに由来する【2015/5/2 奄美市】

アブラギリ *Vernicia cordata* 分布：本州（中部地方以西）～九州／ 落葉高木。山地で植栽あるいは野生化したものが見られる。葉は互生。葉身は浅く３裂するものが多く，鈍鋸歯縁で基部には２個の腺体がある。葉柄は長く，紅色を帯びる。花序は頂生し，白色の花を多数つける。果実は扁球形で種子から桐油を採取する【2015/5/9 大和村】

グミモドキ 危惧Ⅰ *Croton cascarilloides* 分布：琉球（喜界島・徳之島以南）／ 隆起サンゴ礁上や石灰岩地の林内に生える常緑低木。葉は互生して枝先に集まってつき，葉身は薄い革質で全縁，裏面や葉柄には銀白色の鱗片が密生し，褐色の鱗片が混じる。花序は頂生し，白色の花をつける。花弁は目立たない。果実は球形【2016/7/24 徳之島】

クスノハガシワ *Mallotus philippensis* 分布：トカラ列島～琉球／ 主に石灰岩地の林内に生える常緑小高木。葉は互生し，葉身は基部から出る３脈が目立ち，裏面はやや灰白色を帯びて腺点が密生する。葉柄は長く，若枝とともに褐色毛が密生する。花序は頂生し，花は淡黄色で花弁はない。果実は扁球形で褐色の星状毛が密生する【2016/9/25 喜界町】

シマシラキ *Excoecaria agallocha* 分布：トカラ列島～琉球／ 主にマングローブに生える雌雄別株の常緑小高木。枝や葉をちぎると白い乳液を出す。葉は互生し，葉身は厚い革質で全縁，表面には光沢があり，両面とも無毛。花序は腋生し，花は淡黄色で花弁はない。果実は扁球形で熟すと３裂する【2016/9/16 奄美市】

イイギリ *Idesia polycarpa* 分布：本州～琉球／ 山地の谷筋などに生える雌雄別株の落葉高木。白っぽい通直な幹から大枝を放射状に張り出し，秋になると赤い実を房状につけるので，遠目でも見当がつく。葉は互生し，葉身は卵心形で鋸歯縁，裏面は粉白色を帯びる。葉柄は著しく長く，紅色を帯びて上部には2個の腺体がある。花は帯黄緑色で花弁はない。果実は球形で橙赤色に熟す。和名は葉で飯を包んでいたことに由来する。ヤナギ科【2014/5/6 宇検村，（果実）：2015/11/21 奄美市】

キブシ *Stachyurus praecox* 分布：北海道南西部～琉球（徳之島まで）／ 山地の湿った林縁に生える落葉低木。葉は互生し，葉身は長鋭尖頭で細鋸歯縁。葉の展開に先立ち，前年枝の葉腋から下垂した花序に淡黄色の花をつける。果実はやや球形。九州南部から琉球にかけてのものは花序や果実が大きく，葉も厚くて大きいことからナンバンキブシと呼ばれることもある。キブシ科【2015/7/5 大和村，（花）：2016/3/12 奄美市】

ツゲモドキ *Putranjiva matsumurae* 分布：屋久島～琉球／ 海岸林や沿岸部の林内に生える雌雄別株の常緑小高木。葉は互生。葉身は革質で表面に光沢があり，縁は低鋸歯縁かまたは全縁，基部はやや左右不相称になる。花序は葉腋につき，雄花は無柄で穂状に密生し，雌花は有柄で単生あるいは数個つく。花弁はない。果実は卵状長楕円形で白毛が密生し，白熟する。ツゲモドキ科【花序：2016/5/7 奄美市，果実：2016/9/3 奄美市】

テリハボク *Calophyllum inophyllum* 分布：熱帯アジア・マダガスカル原産／ 防潮・防風樹として植栽される常緑高木。寒さに弱く，奄美大島や徳之島ではあまり植栽されていない。葉は対生し，葉身は革質で大きく，白くて太い中脈からほぼ直角に多数の側脈が平行に出て，中脈は裏面で隆起する。花は白色。果実は球形で淡褐色に熟す。テリハボク科【左：2016/9/25 喜界町】

フクギ *Garcinia subelliptica* 分布：フィリピン・インドネシア原産／ 防潮樹あるいは屋敷の防風樹として植栽される雌雄別株の常緑高木。葉は対生してテリハボクに似るが，葉身の側脈は不明瞭で中脈から斜めに出る。花は淡黄色。果実は球形で黄色に熟す。和名は福木の意味。フクギ科【左中（防風垣）：2018/4/30 大和村，上：2014/8/27 奄美市】

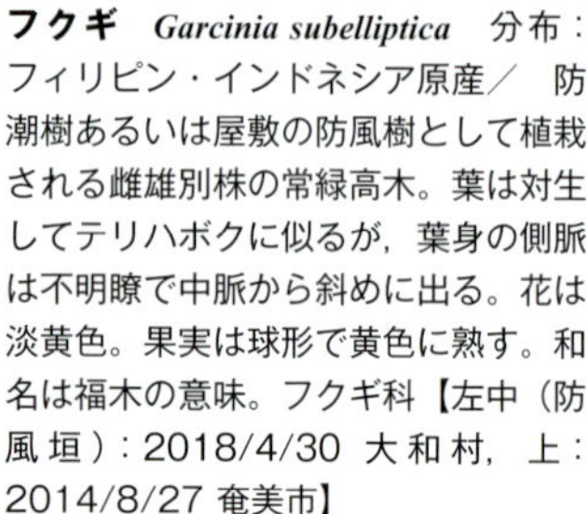

モモタマナ *Terminalia catappa* 分布：琉球（西表島）／ 海岸林を構成する半落葉性の高木。奄美群島では緑陰樹や庭園樹として植栽されている。枝は輪生状に出るため，傘を広げたような樹形になる。葉は互生し，枝先に集まってつく。葉身は大きく，基部はやや耳状に張り出す。花は白色で花弁はない。果実は扁楕円形で竜骨状の突起がある。別名コバテイシ。シクンシ科【2016/10/9 知名町】

ノボタン　*Melastoma candidum* var. *candidum*　分布：屋久島・琉球／　山地の林縁に生える常緑低木。葉は対生し，葉身は全縁で両面には茎とともに伏した剛毛があってざらつく。花序は頂生し，花は紅紫色まれに白色で6月上旬から咲き始める。果実は洋ナシ形で剛毛が密生する【2015/7/5 大和村，白花：2015/7/12 奄美市】

ハシカンボク　*Bredia hirsuta*　分布：種子島・屋久島・琉球／　山地の湿った林縁に生える常緑低木。葉は対生。葉身はノボタンに似るが，縁はかたい剛毛で終わる微鋸歯縁で裏面は帯白色，両面には茎とともに開出毛がある。花序は頂生し，花は淡紅色まれに白色。花期はノボタンより遅く，8月中旬頃から咲き始める。果実は倒円錐形【2015/8/23 宇検村】

ミヤマハシカンボク　*Blastus cochinchinensis*　分布：屋久島・琉球／　山地の湿った林内に生える常緑低木。全体に黄褐色の腺毛がある。葉は対生し，葉身は膜質で全縁，葉先は尾状にとがり，3～5行脈とそれを結ぶ横の細脈が目立つ。花序は腋生し，花は白色。果実はつぼ状球形【2014/7/12 奄美市】

ハゼノキ ***Toxicodendron succedaneum*** 分布：本州（関東地方以西）～琉球／ 山地に生える雌雄別株の落葉高木。奄美大島では西南部の海風が強く当たるような山地に多い。葉は互生して枝先に集まってつき，奇数羽状複葉。小葉は長楕円形で全縁，先は長く尖り，左右不相称で裏面は灰白色を帯びる。花序は腋生し，黄緑色の花を多数つける。果実は扁球形で黄白色に熟す。果実は木蝋の原料になるため，昔は国内で広く栽培されていた【2014/5/1 瀬戸内町】

ハゼノキの紅葉 奄美大島西南部の沿岸部にはハゼノキを主体とした落葉樹林が広がっており，秋になると山肌が紅色や橙色に染まる【2016/9/3 大和村】

ヌルデ ***Rhus javanica*** var. ***chinensis*** 分布：北海道～琉球／山地の林縁に生える雌雄別株の落葉小高木。葉は互生し，奇数羽状複葉で葉軸には特徴的な翼がある。小葉は楕円形で鋸歯があり，裏面は軟毛が密生して黄褐色を呈する。花序は頂生し，乳白色の花を多数つける。果実は扁球形で黄赤色に熟す【2015/9/21 龍郷町】

シマウリカエデ *Acer insulare* 分布：琉球（奄美大島・徳之島に固有）／ 山地の林縁に生える雌雄別株の落葉小高木。樹皮は緑色で縦に筋が入る。葉は対生し，葉身は卵形でときに浅く3～5裂し，先は尾状に伸びて縁には不揃いな重鋸歯がある。花序は腋生して下垂し，淡緑色の花を総状につける。果実（翼果）は2個の分果からなり，2つに分かれて長い翼で回転しながら風にのって散布される【左端（雄花）：2016/3/6 宇検村，左（果実）：2014/5/6 宇検村】

アマミカジカエデ 危惧Ⅰ *Acer amamiense* 分布：琉球（奄美大島固有）／ 奄美大島西南部の常緑・落葉混交樹林に生える雌雄別株の落葉小高木。葉は対生。葉身はふつう5裂し，裂片は全縁または少数の不揃いな粗い鋸歯が出る。花序は腋生し，花は黄緑色。翼果は狭い角度で開く【左（葉）：2015/4/18，（翼果）：2016/7/30，上（雄花）：2016/3/19 奄美大島】

クスノハカエデ *Acer itoanum* 分布：琉球（喜界島・沖永良部島以南）／ 石灰岩地の林縁に生える常緑小高木。葉は対生し，新葉は赤褐色を帯びる。葉身は薄い革質，卵形で急鋭尖頭，基部は円形または心形，全縁で表面は光沢があり，裏面は灰白色を帯びる。葉柄は長い。花序は頂生し，花は黄緑色。翼果は鋭角～直角に開く【2016/3/26 龍郷町植栽】

ムクロジ *Sapindus mukorossi* 分布：本州～琉球／ 山地の谷筋や湿潤地に生える落葉高木。葉は互生し，偶数羽状複葉。小葉は卵状長楕円形で左右やや不相称，全縁で葉脈は裏面にやや隆起する。花序は頂生し，淡黄色の小花を多数つける。果実は球形で黄褐色に熟す。果皮はサポニンを含み，昔は石鹸の代用として使われていた。神社などに植栽されている【上左：2016/5/21 瀬戸内町，上：2016/9/10 瀬戸内町】

ハウチワノキ 危惧Ⅰ *Dodonaea viscosa* 分布：小笠原・琉球／ 海岸近くに生える常緑低木。トベラに似るが，葉の両面には腺点が密生し，触るとべたつくのですぐに識別できる。葉は互生し，葉身は全縁で中脈は裏面に隆起する。花序は小枝の先に頂生し，花は淡黄色で花弁はない。果実には２枚の翼があり，軍配状を呈する【上（果実）と右：2016/4/30 徳之島】

フトモモ *Syzygium jambos* 分布：インド原産／ 山地の川沿いで野生化している常緑高木。葉は対生し，葉身は革質で光沢があり，長披針形で全縁，先は鋭尖頭でやや長く伸び，縁に沿って走る葉脈がある。花序は頂生し，花は帯緑白色で花弁より長い多数の雄しべが目立つ。果実は卵円形で淡黄色に熟し食べられる。フトモモ科【2014/5/24 大和村】

アデク *Syzygium buxifolium* 分布：九州南部～琉球／ 山地に生える常緑小高木。樹皮は赤褐色で鱗片状にはがれる。小枝は細く，赤褐色で革質の葉が対生する。葉身は光沢があり，全縁で細く不明瞭な側脈が多数斜上する。花は白色。果実はやや球形で熟すと食べられる。盆栽や庭木としてよく植栽されている。フトモモ科【2015/11/1 龍郷町】

ゴンズイ *Euscaphis japonica* 分布：本州～琉球／ 山地に生える落葉小高木。葉は対生し，奇数羽状複葉。葉身はかたく，表面は深緑色で光沢があり，微鋸歯縁。花序は頂生し，花は黄白色で葉が展開した直後の３月中旬頃から咲き始める。果実は肉質で赤く熟し，黒くて光沢のある種子があらわれる。ミツバウツギ科【左：2015/8/29 瀬戸内町】

ショウベンノキ *Turpinia ternata* 分布：四国（高知県)・九州～琉球／ 山地の谷筋や陰湿な林内に生える常緑小高木。葉は対生し，３出複葉。葉身は表面が深緑色で光沢があり，微鋸歯縁。花序は頂生し，花は白色。果実は球形で橙色または赤色に熟す。和名は春先に枝を切ると，切り口から小便のように樹腋がしたたることによる。ミツバウツギ科【左：2015/4/18 大和村，上（果実)：2016/12/10 宇検村】

ゲッキツ *Murraya paniculata*
分布：琉球（奄美大島以南）／ 海岸近くの林縁や石灰岩地に生える常緑小高木。樹皮は灰白色。葉は互生し，奇数羽状複葉。小葉は3～9枚で両面無毛，全縁で先はやや凹み，裏面には油点が密にある。花は白色で芳香がある。果実は卵状球形で赤熟する。庭木や生垣としてよく植栽されるが，栽培柑橘類の重要病害であるカンキツグリーニング病に罹病することから，植物体の移動や管理には十分注意する必要がある【2016/6/4 龍郷町】

リュウキュウミヤマシキミ *Skimmia japonica* var. *lutchuensis* 分布：琉球（奄美大島以南）／ 高地の林内に生える雌雄別株の常緑低木。葉は互生して枝先にやや集まってつく。葉身は革質で狭い長楕円形～楕円形，全縁で葉脈は不明瞭，裏面には油点が密布する。花序は頂生し，円錐状で白い花を多数つける。果実は球形で赤熟する【上左（花）：2015/2/20 大和村，上右（果実）：2014/12/6 大和村】

シークヮーサー *Citrus depressa* 分布：琉球（奄美大島以南）／ 石灰岩地の林内でよく見かける常緑小高木。若枝は緑色で葉腋にしばしば刺がある。葉は互生し，葉身は卵状楕円形で先はやや凹み，全縁または鈍鋸歯縁，葉柄にはときにごく狭い翼がある。3月頃に白い花を咲かせる。果実は扁平な球形で冬に橙黄色に熟すが，酸味が強い。果汁は料理や菓子類，ジュースなどに利用される【2015/2/6 知名町】

カラスザンショウ　*Zanthoxylum ailanthoides* var. *ailanthoides*　分布：本州～琉球／　山地の日当たりのよい湿潤地に生える雌雄別株の落葉高木。若木では樹幹に乳房状の太い刺が密生し，小枝にも太くて鋭い刺がある。葉は互生し，奇数羽状複葉。小葉は油点が多く，先は細長くとがり，基部はゆがんだ鈍形，縁には低い鋸歯があり，裏面は白色を帯びる。花序は頂生し，黄白色の小花を多数つける。果実は扁球形，種子は黒色でつやがある【2016/9/17 龍郷町】

ハマセンダン　*Tetradium glabrifolium* var. *glaucum*　分布：本州（三重県以西）～琉球／　山地の肥沃な林縁や谷筋に生える雌雄別株の落葉高木。樹皮は黒褐色で灰白色の皮目が目立つ。葉は対生で奇数羽状複葉。小葉は披針状楕円形～卵形，基部は左右非相称で小葉柄に流れ，縁には浅い鋸歯があるかまたは全縁，裏面は白色を帯びる。花序は頂生し，黄白色の小花を多数つける。果実は平たい球形，種子は黒色でつやがある。同属のホソバハマセンダンの葉はカラスザンショウに似る【2015/8/30 大和村】

ハマセンダン　花がないとハゼノキと間違えやすい【2016/9/10 瀬戸内町】

アマミザンショウ　*Zanthoxylum amamiense*　分布：琉球（奄美群島固有）／　海岸近くの林縁に生える雌雄別株の落葉低木。枝は黒褐色を帯びて対生または単生する刺が多い。葉は互生し，奇数羽状複葉で葉軸は時に赤みを帯びる。小葉は菱状卵形でシマイヌザンショウより幅広く，疎鋸歯縁で鋸歯の底部には大きな油点がある。花は緑黄色で萼と花弁の区別はなく，6～8枚の花被片がある。果実は球形，種子は黒色でつやがある【上：2016/3/26 龍郷町植栽】

シマイヌザンショウ　*Zanthoxylum schinifolium* var. *okinawense*　分布：琉球（奄美大島以南）／　山地の日当たりのよい林縁に生える雌雄別株の常緑低木。葉は互生し，奇数羽状複葉。小葉はアマミザンショウより枚数が多くて細長く，鈍鋸歯縁，裏面は白色を帯びて油点が多い。花序は頂生し，花は白色で萼片と花弁を区別できる。全体的にアマミザンショウよりか細い感じがする。【2015/8/16 奄美市】

センダン *Melia azedarach* 分布：四国・九州～琉球／ 人里から山地にかけての開けた場所に生える落葉高木。学校や集会場の緑陰樹として保存されている大木もある。葉は互生し，２回羽状複葉。小葉は卵状長楕円形で粗い鈍鋸歯がある。花序は腋生し，淡紫色の花を多数つける。果実は楕円形で黄色に熟す。センダン科【2016/4/10 大和村】

ニガキ *Picrasma quassioides* 分布：北海道～琉球／ 石灰岩地の林縁でよく見かける落葉小高木。枝は赤褐色で白い皮目が目立つ。葉は互生し，奇数羽状複葉。小葉は卵状長楕円形で鋭鋸歯がある。花序は腋生し，黄緑色の小さな花をつける。果実は２～３個の楕円形をした分果に分かれる。和名は樹皮や枝葉に苦みがあることによる。ニガキ科【2016/9/25 喜界町】

ギョボク *Crateva formosensis* 分布：九州南部～琉球／ 山地に生える落葉小高木。葉は互生し，３出複葉で長い葉柄がある。小葉は楕円形で全縁，先は鋭尖頭で裏面は灰白色を帯び，側小葉は左右不相称。花序は頂生。花は長い雄しべが目立ち，花弁は白色から黄色に変わる。ツマベニチョウの食草として学校によく植栽される。和名は材がやわらかくて軽く，魚釣りの疑餌に使われたことによる。フウチョウボク科【2016/6/12 奄美市植栽】

サキシマスオウノキ *Heritiera littoralis* 分布：琉球（奄美大島以南）／ マングローブに生える常緑高木で，大木では板根が発達する。葉は互生し，葉身は革質で表面は光沢があり，裏面は萼片や花柄とともに銀灰色の鱗状毛が密生する。花は汚黄色で花弁はない。果実は木質でかたく，内部はコルク質となっているため，海流によって散布される【左：2016/7/10 奄美市，上：2014/5/25 奄美市】

アオギリ *Firmiana simplex* 分布：本州（伊豆半島・紀伊半島）・四国南部・九州南部〜琉球／ 沿岸部に生える落葉高木。樹皮は平滑で，成木では灰緑色を呈する。葉は互生し，葉身は大きくて掌状に3〜5裂し，著しく長い葉柄がある。花序は円錐形で花弁のない黄緑色の花を多数つける。果実は葉状の心皮が合わさった袋状で，心皮の内側には小さな種子がつき，風に飛ばされて散布される【2016/7/30 奄美市】

サキシマハマボウ 危惧Ⅰ *Thespesia populnea* 分布：琉球（奄美大島以南）／ 海岸に生える常緑小高木。葉は互生し，葉身は革質で厚く，全縁でときに分裂し，基部は心形で先は長く尖る。花は腋生し，はじめ淡黄色でのち紫色を帯びる。果実は球形で裂開しない【2016/8/21 瀬戸内町植栽】

オオハマボウ *Hibiscus tiliaceus* 分布：小笠原・種子島・屋久島～琉球／ 海岸に生える常緑小高木。葉は互生。葉身は革質で円心形，先は短く尖り，全縁または不明瞭な微鋸歯縁，表面は光沢があり，裏面は星状毛が密生して灰白色を呈する。花は黄色で腋生する。公園などにもよく植栽されている【2015/7/19 奄美市】

ハマボウ *Hibiscus hamabo* 分布：本州（関東南部・東海～紀伊半島・中国地方）～琉球（奄美大島が南限）／ 海岸の砂泥地に生える常緑小高木。葉は互生。葉身は厚く，円心形で細鋸歯縁，基部はオオハマボウより浅い心形で裏面は灰白色の星状毛が密生する。奄美大島ではマングローブ林の後方で見かける【2015/6/21 奄美市】

サキシマフヨウ *Hibiscus makinoi* 分布：九州西南部島嶼・九州南部～琉球／ 人里から山地にかけての荒地や林縁，伐採跡地などに生える半常緑小高木。葉は互生。葉身はふつう浅く裂けた五角状で鈍鋸歯縁，基部は浅い心形で若枝や葉の両面，花柄や萼片には星状毛が密生する。花は白色～淡紅色。よく似た中国原産のフヨウは星状毛に混じって腺毛が密生するので，触ると粘り気を感じる。秋の訪れを感じさせる奄美の代表的な花木である【2016/10/10 伊仙町，右：2016/10/23 奄美市】

コショウノキ ***Daphne kiusiana*** var. ***kiusiana*** 分布：本州（関東南部・京都府以西）～琉球／ 雌雄別株の常緑低木。枝は暗紫褐色。葉は互生し，枝先ではやや輪生状につく。葉身はやわらかい革質で全縁，表面に光沢があり，葉脈は不明瞭。花は頂生し，白色で１月頃のまだ寒い早春に咲く。果実は楕円形状球形で４月頃に橙赤色に熟す。ジンチョウゲ科【2016/1/11 徳之島町】

オオクサボク ***Pisonia umbellifera*** 分布：小笠原諸島・琉球（奄美大島以南）／ 石灰岩地の林内に生える雌雄別株の常緑高木。葉は互生または対生。葉身は長さ20㎝以上になり，やや肉質でやわらかい。花は黄緑色で鐘形，先は４裂して開く。果実はこん棒状。別名ウドノキ。和名は材がやわらかくて折れやすいことによる。オシロイバナ科【2016/10/10 伊仙町】

オオシマガンピ 危惧Ⅰ ***Diplomorpha phymatoglossa*** 分布：琉球（奄美大島・徳之島に固有）／ 山地の林縁や法面に生える落葉低木で枝は褐色を帯びる。葉は互生してらせん状につき，葉身は卵状長楕円形で全縁，葉柄はごく短い。花序は頂生し，花は淡黄色で花弁は退化し，萼筒の外面には伏毛があって萼裂片は花弁状にひらく。ジンチョウゲ科の植物は樹皮の繊維が強く，簡単に枝をちぎることはできない。ジンチョウゲ科【2015/8/29 奄美大島】

ボロボロノキ *Schoepfia jasminodora* 分布：九州～琉球／ 山地の林縁に生える落葉小高木で，若枝では白い皮目が目立つ。葉は互生し，葉身は黄緑色で質やや厚く，先は尾状に尖り，全縁で両面無毛。花序は腋生し，花は黄白色で芳香があり，花冠の先は4～5裂してそり返る。果実は長球形で赤熟する。和名は枝がもろくて簡単に折れることに由来する。ボロボロノキ科【2014/5/1 瀬戸内町】

ヒノキバヤドリギ *Korthalsella japonica* 分布：本州（関東地方以西）～琉球／ ハマヒサカキやネズミモチなどの常緑樹に寄生する常緑小低木。茎は緑色で扁平，節が多数あり，下部の茎には発達した翼がある。葉は退化し，微細な鱗片状となって節につく。花は黄緑色で極めて小さい。果実は球形で橙黄色に熟し，種子には粘性があって鳥などに付着して散布される。ビャクダン科【右：2016/1/10 奄美市】

オオバヤドリギ *Taxillus yadoriki* 分布：本州（関東地方南部以南）～琉球／ 常緑樹に寄生する常緑低木で茎はややつる状に伸びる。葉は対生または互生。葉身は革質で全縁，表面は無毛で裏面は若枝とともに赤褐色の星状毛が密生する。花序は葉痕から腋生し，花被片外側の赤褐色と，その裂片が反曲した内側の緑色とのコントラストが特徴的である。果実は広楕円形で黄熟する。本種が寄生した常緑樹では，緑色の葉群のなかに赤褐色の葉のかたまりが見えるので，遠目でも本種の寄生が推察できる。オオバヤドリギ科【右：2015/11/22 瀬戸内町，（花）：2015/11/8 瀬戸内町】

イソマツ ***Limonium wrightii*** var. ***arbusculum***　分布：伊豆諸島・小笠原諸島・種子島・屋久島～琉球／　海岸の隆起サンゴ礁上に生える常緑性小低木。茎は黒色で太く短い。葉は束生し，細長いへら状。花冠は淡紅紫色で花後は筒状の白い萼が目立つ。イソマツ科【上：2015/8/14 喜界町】

ウコンイソマツ ***Limonium wrightii*** var. ***wrightii***　分布：トカラ列島～琉球／　花冠と萼はともに黄色。イソマツとは混生しない。イソマツ科【右：2016/8/19 知名町】

サガリバナ ***Barringtonia racemosa***　分布：琉球（奄美大島以南）／　マングローブやその後背地に生える常緑小高木。葉は互生して枝先に集まってつき，葉身は革質で大きく，波状縁または鈍鋸歯縁，基部はやや耳状に張り出し，短柄がある。花序は腋生して長く垂れ，花は白色または淡紅色，長く突き出た多数の雄しべが美しい。花は夜に咲き，翌朝には落下する。上の写真は午前6時頃に撮影したが，既に花がぽろぽろと落ち始めていた。サガリバナ科【左:2014/7/19 奄美市，上:2015/7/22 奄美市】

エゴノキ *Styrax japonicus* 分布：北海道～琉球／ 山地の湿潤な明るい林縁や谷筋に生える落葉小高木。樹皮はやや平滑で淡黒色。葉は互生し，葉身は鋭尖頭または尾状で全縁または低鋸歯縁。花序は腋生し，下垂する白い花をつける。材は白くて加工しやすい。庭園樹としても利用される。エゴノキ科【右：2016/3/5 奄美市】

シマウリノキ *Alangium premnifolium* 分布：九州南部～琉球／ 山地の湿った林縁や谷筋に点在する落葉小高木。葉は互生し，葉身はゆがんだ倒卵形で先は鋭尖頭，基部は円形または浅い心形，全縁で裏面の脈腋には毛がある。花は白色で腋生して下垂し，7枚の花弁が外側に強く巻き込むため，黄色の葯がよく目立つ。果実は楕円形で黒紫色に熟す。ミズキ科【下：2016/5/29 奄美市】

アカテツ *Planchonella obovata* 分布：トカラ列島～琉球／ 海岸近くに生える常緑小高木。葉は互生し，葉身は楕円形で先は鈍頭または円頭，葉の裏面と小枝には赤褐色の毛が密生する。花は腋生し，淡黄緑色。果実は長楕円形で黒藍色に熟す。防風樹として海岸近くの民家や集落では古くから利用されており，時に大木も見られる。ハマビワに似るが，葉の中央部付近が幅広く，葉の基部から葉柄への移行がなめらかで，葉脈はハマビワほど葉裏に突出しない。アカテツ科【下左：2015/5/31 奄美市，下右：2016/8/21 瀬戸内町】

オオシマウツギ ***Deutzia naseana*** var. ***naseana*** 分布：奄美大島・喜界島・徳之島に固有／ 山地の日当たりのよい林縁に生える落葉低木。葉は対生し，葉身は細鋸歯縁で両面は若枝や葉柄，花序とともに星状毛があってざらつく。花序は頂生し，白い花を多数つける。本土に自生するマルバウツギに似るが，マルバウツギの花序のすぐ下の葉は無柄だが，本種には明らかな葉柄がある。アジサイ科【上：2016/4/10 大和村】

トカラアジサイ ***Hortensia kawagoeana*** var. ***kawagoeana*** 分布：トカラ列島・奄美大島・徳之島・沖永良部島に固有／ 山地の湿った林縁に生える落葉低木で枝は紫褐色を帯びる。葉は対生し，葉身は草質で粗い鋭鋸歯縁。花序は頂生し，2～3個の白い装飾花が目立つ。徳之島では珍しくないが，奄美大島では見ることができなかった。アジサイ科【上左：2016/4/29 徳之島町】

ワダツミノキ 危惧Ⅰ ***Nothapodytes amamianus*** 分布：奄美大島固有／ 山地谷沿いの落葉樹林内に点在する落葉高木。樹皮は灰褐色でやや平滑。葉は互生し，葉身は薄い革質で先は鋭頭，基部は切形または浅心形，全縁で長い葉柄がある。花序は頂生し，花弁は淡黄緑色でそり返るため，内側の白毛がよく目立つ。クロタキカズラ科【2016/5/22 奄美大島】

トキワガキ *Diospyros morrisiana* 分布：本州（伊豆半島以西）～琉球／ 山地に生える雌雄別株の常緑小高木。樹皮は黒くて細かな鱗片状。葉身は薄い革質で表面にやや光沢があり，無毛で全縁。花は白色。果実は球形で黄熟する【上：2015/11/1 龍郷町，（花）：2016/6/4 龍郷町】

リュウキュウマメガキ *Diospyros japonica* 分布：本州（関東地方以西）～琉球／ 山地に生える落葉高木。葉は互生し，葉身は膜質で縁はやや波打ち，裏面は粉白色を帯び，葉柄は比較的長い。花は腋生し，黄白色で壷形，花冠の先は4裂してそり返る。果実は球形で橙黄色に熟す【上：2016/8/21 瀬戸内町，（花）：2014/5/17 大和村】

リュウキュウガキ *Diospyros maritima* 分布：琉球（徳之島以南）／ 石灰岩地の林内で見かける雌雄別株の常緑中高木。樹皮は黒褐色で平滑。葉は互生し，葉身は革質，表面は濃緑色で光沢がある。花は円筒形で白色～黄橙色。果実は扁球形で黄熟し，有毒でかつては魚毒として使われた【左：2016/7/24 徳之島町，上：2016/10/10 伊仙町】

ヤエヤマコクタン *Diospyros egbertwalkeri* 分布：沖縄島・八重山列島／ 常緑中高木。樹皮は黒灰色で平滑。花は鐘形で淡黄色。果実は楕円形で黄色～紅色に熟す。材はかたくて重く，黒色で三線の棹に使われる。別名リュウキュウコクタン【右：2015/8/20 和泊町】

サカキ *Cleyera japonica* 分布：本州（茨城県・石川県以西）～琉球／ 山地の湿潤な林内に生える常緑小高木。葉は平面的に互生し，葉身は革質で全縁，葉脈はやや不明瞭で先は急に狭まって少しつき出る。花は白色で腋生して下垂する。若枝の先端にある冬芽は尖って鎌状に曲がるので，これが本種を識別するための特徴となっている。枝葉は玉串として神事に使われる【2014/5/25 奄美市】

アマミヒサカキ *Eurya osimensis* 分布：琉球（奄美大島～西表島）に固有／ 山地の林内に生える雌雄別株の常緑小高木。小枝には淡褐色の毛が密生する。葉は互生し，葉柄は短く，葉身は細長い楕円形で縁には細かな鋸歯がある。葉脈は裏面にやや突出する。花は白色で葉腋にやや平開してつく【2016/12/3 龍郷町】

ヒサカキ *Eurya japonica* 分布：本州～琉球／ 山地に生える雌雄別株の常緑低木。小枝は無毛。葉は互生し，葉身は倒卵形で鈍鋸歯縁，先はしだいに狭まり，鈍端で中央がやや凹む。花は腋生して下向きに咲き，鐘形またはつぼ形で淡黄白色，強い香気がある。枝葉は仏花用として利用される【2016/2/14 奄美市】

ハマヒサカキ *Eurya emarginata* var. *emarginata* 分布：本州（関東地方以西）～琉球／ 海岸の低木林や山地の風衝地などに生える雌雄別株の常緑低木。若枝に伏毛がある。葉は互生し，葉身はやや厚く倒卵形，先は円頭でやや凹み，縁は鈍鋸歯があって多少裏面に巻き込む。花は腋生して下向きに咲き，広鐘形で淡黄緑色。山地では葉の大きさや形がマメヒサカキに似てきて区別がつきにくくなる【2016/12/11 奄美市】

マメヒサカキ *Eurya emarginata* var. *minutissima* 分布：奄美大島・徳之島・沖縄島／ 高地の林内や風衝低木林に生える雌雄別株の常緑低木。ハマヒサカキに比べ全体的にか細く，葉身の長さは1～3㎝と小さい【2015/12/13 宇検村】

モッコク *Ternstroemia gymnanthera* 分布：本州（関東地方南部以西）～琉球／ 日当たりのよい山地に生える常緑高木。斜面上部や尾根筋などのやや乾燥した立地でよく見かけるが，耐潮性も強い。樹皮は黒褐色で平滑。葉は互生してやや枝先に集まってつき，葉柄基部は赤みを帯びる。葉身はなめらかな革質で全縁，側脈は不明瞭で表面に光沢がある。花は腋生し，白色で長い花柄があってやや下向きに咲く。果実は球形で淡紅色に熟し，不規則に裂開して中から赤色の種子を出す。材は紅色で堅硬，耐白蟻性が高く，建築用材として重宝されていた【上：2015/5/6 瀬戸内町，右：2016/9/10 大和村】

木本類

マンリョウ *Ardisia crenata* 分布：本州（関東地方以西）～琉球／ 山地に生える常緑小低木で，高いものでは１m程度になる。葉は互生または枝先に集まり，葉身は質厚く，縁は波打って腺点がある。花は白色。果実は球形で赤熟する【2016/2/7 奄美市】

シマイズセンリョウ *Maesa perlaria* var. *formosana* 分布：九州南部～琉球／ 山地のやや湿った林内に生える常緑低木。葉は互生し，粗鋸歯縁。花は白色で花冠裂片はそり返る。果実は球形で白褐色に熟し，宿存萼から1/3ほど頭を出す。よく似たイズセンリョウは，果実が宿存する萼にほとんど包まれる【上：2015/3/8 奄美市】

オオツルコウジ *Ardisia walkeri* 分布：本州（千葉県以西）・九州～琉球（奄美大島・徳之島）／ 山地の林床に生える常緑小低木。ツルコウジに似るが，匍匐茎には長軟毛が少なくて葉がつかず，葉身は革質で細かい鋸歯が多数ある【上：2016/1/11 天城町】

ツルコウジ *Ardisia pusilla* 分布：本州（千葉県以西）～琉球／ 山地の湿った林床に生える常緑小低木。茎は匍匐して斜上し，赤褐色の長軟毛を密生する。葉は輪生し，葉身は紙質で両面に長軟毛があり，葉脈は表面でくぼみ，縁には粗い鋸歯がまばらにある。花は白色。果実は球形で赤熟する【上：2016/1/31 瀬戸内町】

シナヤブコウジ 危惧Ⅰ *Ardisia cymosa* 分布：徳之島・西表島／ 高地の林床に生える常緑小低木。茎は匍匐して立ち上がり，膝下程度の高さになる。葉は互生し，葉身は全縁または波状低鋸歯縁。果実は球形で赤色～黒色に熟する【右：2016/10/22 徳之島】

モクタチバナ *Ardisia sieboldii* 分布：四国南部・九州～琉球／低地から山地の林内に普通に生える常緑小高木。葉は互生し，葉身は質厚く，鈍頭で全縁，中央より上部で幅広くなる傾向があり，不明瞭な細脈が多数ある。花序は腋生し，白い花を多数つける。果実は球形で黒紫色に熟す。農地の防風樹として利用される【右（果実）2016/12/11 大和村，（花）：2015/5/31 龍郷町】

シシアクチ *Ardisia quinquegona* 分布：九州（宮崎県）・種子島・屋久島～琉球／ 山地の林内に普通に生える常緑小高木。モクタチバナに似るが，葉身はやや質薄く，葉先は鋭頭で縁はやや波打つ。葉のつく枝はモクタチバナよりも細いため，全体的にモクタチバナよりも女性的な感じがする。花序は腋生して白い花をまばらにつける。モクタチバナの果実は球形であるが，本種の果実は平たい球形で光沢が強く，赤色や黒色に熟す【上左：2016/5/29 奄美市，上右：2016/12/4 大和村】

タイミンタチバナ *Myrsine seguinii* 分布：本州（千葉県以西）～琉球／ 山地のやや乾いた林内や尾根筋でよく見かける雌雄別株の常緑小高木。葉は互生し，葉柄は赤みを帯びる。葉身は革質，線状長楕円形で全縁，両面無毛で側脈は不明瞭。花は淡緑白色で前年枝にまとわりつくように腋生する。果実は球形で黒紫色に熟す【2016/12/10 宇検村】

イジュ ***Schima wallichii*** subsp. ***noronhae*** 分布：琉球（奄美大島以南）／ 山地に生える常緑高木。葉は互生して枝先に集まり，鈍鋸歯縁または波状縁。花は白色で枝先に腋生する。果実は扁球形で木質。材は耐白蟻性が強く，昔は建築用材として重宝された【2015/5/17 奄美市】

ヒメサザンカ 危惧Ⅰ ***Camellia lutchuensis*** 分布：琉球（徳之島・沖永良部島～西表島）に固有／ 常緑小高木で枝には開出毛がある。葉は互生し，葉身は薄い革質で鈍鋸歯縁，両面中肋と葉柄には毛がある。花は頂生して下向きに咲き，白色で一部が紅色を帯びる。雄しべの花糸は白色【2015/2/7 沖永良部島】

ヒサカキサザンカ 危惧Ⅰ ***Pyrenaria virgata*** 分布：琉球（沖永良部島～西表島）に固有／ 山地に生える常緑高木。葉は互生して枝先に集まってつく。葉身はやや厚い革質で表面に光沢があり，粗い鈍鋸歯がある。花期は５～７月頃【2015/2/7 沖永良部島】

サザンカ ***Camellia sasanqua*** 分布：本州（山口県）・四国南西部・九州～琉球／ 山地に生える常緑小高木で若い枝には粗毛がある。葉は互生し，葉身は革質で鈍鋸歯縁，両面中肋と葉柄の上面には毛がある。花は白色で雄しべの花糸は淡黄色。花が散るときは花冠と雄しべがバラバラになって落ちる【2014/11/16 奄美市】

ヤブツバキ ***Camellia japonica*** 分布：本州～琉球／ 山地に生える常緑高木。本土ではよく見かけるが，琉球では少ない。葉は互生し，葉柄は無毛。葉身は革質で表面に光沢があり，両面無毛で縁には鈍鋸歯がある。花は頂生し，花冠は濃紅色で雄しべの花糸は白色。琉球の個体は花冠が小さくてあまり開かない。花が散るときは花冠と雄しべが一体となって落ちる【2017/2/20 徳之島町】

ミヤマシロバイ *Symplocos sonoharae* 危惧Ⅰ 分布：琉球（奄美大島以南）／ 高地に生える常緑小高木。葉は互生し，葉身は革質で両面無毛，低鋸歯縁。花は腋生し，白色で早春と夏に咲き，花冠下部は合着して筒状，雄しべの花糸も筒状となる。果実は楕円形で黒熟する【2016/7/30 奄美大島】

ナカハラクロキ *Symplocos nakaharae* 分布：琉球（奄美大島以南）に固有／ 山地に生える常緑小高木。若枝は緑色で稜があり，頂芽は尖る。葉は互生し，葉身はやや薄い革質で両面無毛，まばらな低鋸歯がある。花は腋生し，白色。果実は楕円形で紫黒色に熟す【2015/12/19 奄美市】

クロバイ *Symplocos prunifolia* var. *prunifolia* 分布：本州（関東地方以西）～琉球／ 山地に生える常緑高木。葉は互生し，葉柄は若枝とともに赤紫色を帯びる。葉身は革質で表面に光沢があり，低鋸歯縁で先はやや尾状に伸びる。花期は３月中旬～４月上旬。花序は腋生して白い花が多数つき，樹冠を白く縁取るので遠目でも見当がつく。果実は楕円形で黒熟する【上：2016/3/27 龍郷町，右：2016/3/19 龍郷町】

アマシバ *Symplocos formosana* 分布：琉球（奄美大島以南）／ 山地に生える常緑低木。若枝は暗褐色で褐色毛が密生する。葉身は薄い革質で表面に光沢があり，縁には粗い低鋸歯がある。3月下旬頃から開花し，枝先に白い花があふれるようにつく。果実は卵状つぼ形で黒熟する。和名は若葉を噛むと甘味があることによる【2015/3/22 奄美市】

アオバノキ *Symplocos cochinchinensis* 分布：種子島・屋久島～琉球／ 山地の谷沿いに生える常緑高木。葉身は厚い革質でかたく，低鋸歯縁で表面に光沢がある。花序には白い花が密生し，多数の雄しべが花冠から突き出るので，全体的に白いブラシのように見える。最盛期は8月下旬頃【上：2016/8/30 宇検村】

ミミズバイ *Symplocos glauca* 分布：本州（千葉県以西）～琉球／ 山地に生える常緑小高木。葉身は長楕円形で裏面は帯白色，先は幅広くなり，低い突起状の鋸歯がある。花は白色で葉腋にかたまってつく【左：2015/7/5 大和村】

アオバナハイノキ *Symplocos liukiuensis* var. *liukiuensis* 危惧Ⅰ 分布：沖永良部島・沖縄島／ 山地に生える常緑小高木で全体無毛。葉は互生し，葉身は薄い革質で光沢はあまりなく，縁にはごく低い鋸歯がある。花序は枝先に腋生し，花軸は紫色で花も淡青紫色を帯びるため，最盛期には樹冠全体が青紫色に染まる。開花時期は3月下旬から4月上旬頃。果実は卵状つぼ形で黒紫色に熟す【2016/3/26 龍郷町植栽】

リュウキュウアリドオシ ***Damnacanthus biflorus*** 分布：琉球（奄美大島・徳之島・沖縄島）／ 山地の林内に生える常緑低木で若枝は無毛。葉は対生するが，枝の１節ごとに葉のつかない節がある。枝の節には刺がないか，まれに短い刺がある【上左：2015/12/13 宇検村，上右：2014/4/12 大和村】

ヒメアリドオシ ***Damnacanthus indicus*** var. ***microphyllus*** 分布：本州（紀伊半島）・四国～琉球（徳之島以北）／ 山地の林内に生える常緑低木で全体的に小さく，高さは膝下程度。枝はよく分枝して平面的に広がり，若枝には短剛毛がある。葉は対生し，葉身は小さく，枝の節には葉とほぼ同じ長さの刺がある。花は白色で長い漏斗状。果実は球形で赤く熟す【左：2017/3/26 瀬戸内町，上：2015/4/5 宇検村】

オオアリドオシ ***Damnacanthus indicus*** var. ***major*** 分布：本州（関東地方以西）～琉球／ 山地の林内に生える常緑低木で若枝には短剛毛がある。葉は対生し，１節ごとに極めて小さな葉がつき，節には葉の半分よりも短い刺がある。花は白色で花柄と萼筒は有毛。よく似たヤンバルアリドオシは花柄と萼筒が無毛【右：2016/4/14 知名町】

リュウキュウルリミノキ *Lasianthus fordii* var. *fordii* 分布：屋久島～琉球／ 山地の林内に生える常緑低木。若枝や葉裏に短毛が散生するほかは無毛。葉は対生し，葉身は長楕円形で葉先は細くなって伸びる。花は白色で内面に白色毛があり，萼は浅く5裂する。果実は球形でるり色に熟す。別名タシロルルリミノキ【2016/12/25 宇検村】

ケハダルリミノキ *Lasianthus fordii* var. *pubescens* 分布：琉球／ リュウキュウルリミノキの変種で，茎や萼片に黄褐色の短毛が密生する。別名シンテンルリミノキ【2014/4/13 奄美市】

ケシンテンルリミノキ *Lasianthus curtisii* 分布：屋久島～琉球／ 山地の林内に生える常緑低木。若枝や葉柄には黄褐色の開出毛が密生し，葉の裏面にも黄褐色の毛がやや密生する。花は白色で花冠全体に白色毛がある。萼は深く5裂し，裂片は線状三角形で先が長く尖り，開出毛が密生する【上（果実と萼片）：2015/11/23 大和村】

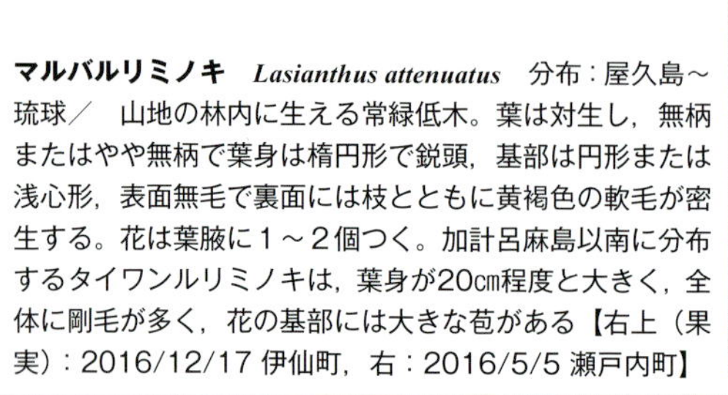

マルバルリミノキ *Lasianthus attenuatus* 分布：屋久島～琉球／ 山地の林内に生える常緑低木。葉は対生し，無柄またはやや無柄で葉身は楕円形で鋭頭，基部は円形または浅心形，表面無毛で裏面には枝とともに黄褐色の軟毛が密生する。花は葉腋に1～2個つく。加計呂麻島以南に分布するタイワンルリミノキは，葉身が20㎝程度と大きく，全体に剛毛が多く，花の基部には大きな苞がある【右上（果実）：2016/12/17 伊仙町，右：2016/5/5 瀬戸内町】

オオバルリミノキ *Lasianthus verticillatus*　分布：琉球（奄美大島以南）／　石灰岩地の林内でよく見かける常緑低木で，若枝には微毛がある。葉は対生し，葉身は厚くてかたく，触るとごわごわした感じがする。葉身は長さ15㎝以上で表面は無毛，裏面には脈状に微毛があり，縁はやや波打つ。花は白色で葉腋に１～４個つく。萼は浅く５裂し，裂片は三角形。果実は楕円形でルリミノキ属では珍しく黒色に熟す【左：2017/1/14 伊仙町】

シマミサオノキ *Aidia canthioides*　分布：琉球（奄美大島以南）／　山地の林内に生える常緑低木。葉は対生し，葉身は薄い革質，長楕円形で鋭尖頭，両面無毛で光沢はなく，葉の基部の節にある托葉は広い三角形で先は短く尖る。花序には２～７個の花がつき，花柄は１㎝程度と長い。花冠は白色または淡黄色で５裂し，裂片は大きく反り返る。果実は球形で黒熟する。材は弾力性に富むことから，地元では猪のわな猟に使われる【左：2014/　5/31 宇検村，（果実）：2014/7/6 奄美市】

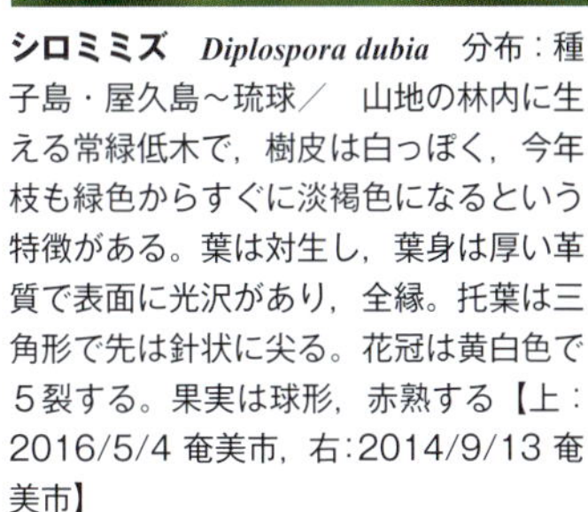

シロミミズ *Diplospora dubia*　分布：種子島・屋久島～琉球／　山地の林内に生える常緑低木で，樹皮は白っぽく，今年枝も緑色からすぐに淡褐色になるという特徴がある。葉は対生し，葉身は厚い革質で表面に光沢があり，全縁。托葉は三角形で先は針状に尖る。花冠は黄白色で５裂する。果実は球形，赤熟する【上：2016/5/4 奄美市，右:2014/9/13 奄美市】

ナガミボチョウジ *Psychotria manillensis* 分布：トカラ列島～琉球／ 石灰岩地の林内でよく見かける常緑低木。ボチョウジに似るが，葉身は倒卵形で中央部より先の方で幅広くなる傾向があり，表面の光沢が強く，全体的にぼってりした感じを受ける。花序は頂生し，初夏に緑白色の小さな花をつける。果実は長楕円形でボチョウジよりも縦長になるが，球形に近いものもあり，ボチョウジとの違いははっきりしない【上：2016/11/13 知名町】

ボチョウジ *Psychotria asiatica* 分布：屋久島・種子島～琉球／ 山地の林内に生える常緑低木で全体無毛，枝は緑色でリュウキュウアオキの別名もある。葉は対生し，葉身は長楕円形で革質，やや厚くて光沢があり，全縁。花序は頂生し，初夏に緑白色の小さな花をつける。果実は球形で赤熟する【上左：2016/12/25 宇検村】

アカミズキ *Wendlandia formosana* 分布：琉球（奄美大島以南）／ 山地のやや湿った林縁でよく見かける落葉小高木。樹皮は淡い赤褐色で縦に細かく裂ける。葉は対生し，葉身はやや大きく，長楕円形で全縁，葉柄や主脈は赤みを帯びる。花序は頂生し，白色の小さな花を多数つける。果実は球形で褐色【上左：2016/7/3 奄美市，上右：2016/4/3 宇検村】

ギョクシンカ *Tarenna kotoensis* 分布：九州（中部以南）～琉球／ 山地の薄暗い林内に生える常緑低木で，全体的にか細く，樹形が乱れやすい。葉は対生し，葉身はやわらかく，鋭尖頭で全縁，托葉は広三角形で先は尖る。花は枝先に集まってつき，白色で薄暗い林内でひときわ目立つ。花冠は５深裂し，花柱も白く，こん棒状で花冠から長くつき出る。果実は球形で黒熟する【2015/5/17 奄美市】

クチナシ *Gardenia jasminoides* var. *jasminoides* 分布：本州（静岡県以西）～琉球／ 林内に生える常緑低木。葉は対生まれに３輪生し，葉身は革質で表面に光沢があり，鋭尖頭で全縁，托葉は合着して筒状になって枝をとりまく。花は頂生し，花冠は白色で芳香があり，６～７個の裂片からなる。果実は楕円形で橙黄色に熟し，先には６個の萼片がつくばね状に残る。果実から採れる黄色の色素は食品に用いられる【上：2015/5/3 奄美市】

ヘツカニガキ *Sinoadina racemosa* 分布：四国南部・九州南部～琉球（徳之島・沖縄島）／ 林内に生える落葉高木。葉は対生し，葉身は革質で広卵形，鋭尖頭で基部はやや心形，全縁で葉柄は長い。花期は６月頃。花序は頂生し，黄白色の小さな花が球形に集まってつく。和名は大隅半島南部の辺塚という地名に由来する【下：2000/8/6 県本土（薩摩半島）】

ケラマツツジ ***Rhododendron scabrum*** 分布：琉球（奄美大島以南）／ 山地の渓流や岩場に生える常緑低木。葉は互生で枝先に集まってつく。葉身は厚い紙質で全縁，両面には若枝や葉柄とともに剛毛がある。４月から５月にかけて，枝先に２～４個の濃い赤色の花をつける。上写真は高地岩場に生える株であるが，左写真のように渓流沿いに生える株では葉が狭まって細長くなる【上：2015/5/30 大和村】

ケラマツツジ 氾濫する川の流れに逆らわないようなしなやかな樹形をしていた【2015/5/3 奄美市】

タイワンヤマツツジ ***Rhododendron simsii*** 分布：琉球（奄美大島以南）／ 低地の林縁や岩場に生える半常緑低木。葉は互生で枝先に集まり，両面に褐色の剛毛がある。夏葉と春葉の２型があり，越冬する夏葉はやや革質，冬に落葉する春葉は夏葉よりもやわらかくて大きい。３月中旬から下旬にかけて枝先に２～３個の濃い赤色の花をつける。本土に広く分布するヤマツツジの雄しべは５本だが，本種は10本と多い。大和村の宮古崎では本種の保護活動が行われている【上と左：2015/3/21 奄美市】

サクラツツジ ***Rhododendron tashiroi*** **var.** ***tashiroi*** 分布：四国（高知県）・九州（佐賀県・鹿児島県）～琉球／ 低地から高地の林縁や岩場に生える常緑低木。樹幹は凹凸が激しくて奇形となる。葉は枝先で輪生し，葉身は革質で裏面に短い腺毛がある。花は枝先に２～３個つき，花冠は淡紅紫色または白色で内側に濃い斑点がある。低地では12月下旬頃から開花し，高地では４月中旬頃まで花が見られる【左（花と樹幹）：2016/2/14 龍郷町】

アマミセイシカ 危惧Ⅰ ***Rhododendron latoucheae*** **var.** ***amamiense*** 分布：奄美大島固有／ 山地の渓流沿いや渓流に面した急斜面，あるいは高地に生える常緑低木～小高木で，まれにかなり大きな個体も見られる。葉は枝先で輪生し，葉身は革質で両面無毛。花は枝先に１～４個つき，花冠は淡桃白色で内側に淡黄緑色の斑点がある。石垣島と西表島の渓流沿いには花が淡桃色のセイシカが自生する【上：2015/3/22 奄美大島，右：2016/3/19 奄美大島植栽】

アマミアセビ　新芽は赤味を帯び，周囲に生えていたモッコクの新芽と色合いがよく似ていた【2015/3/21 奄美大島】

アマミアセビ　危惧Ⅰ　***Pieris japonica*** subsp. ***amamioshimensis***　分布：奄美大島固有／　高地の尾根筋や岩場に生える常緑低木。葉は互生し，葉身は革質で倒卵状長楕円形，先に低い鋸歯がある。花序は頂生し，つぼ形の白い花をつける。沖縄島北部の渓流に生えるリュウキュウアセビは葉が細長く，花はやや小さい【上左：2015/3/14 奄美大島植栽，上右：2016/3/19 奄美大島】

ヤドリコケモモ　危惧Ⅰ　*Vaccinium emarginatum*　分布：奄美大島／　オキナワジイなどの大木の樹上に着生する常緑低木。枝は根元から多数分枝し，長く伸びて垂れ下がる。茎の下部はこぶ状に膨らみ，貯水機能の役目を持つ。葉は互生し，葉身は厚い革質で両面無毛，全縁，長さ2㎝程度で先はやや凹む。花序は腋生し，花冠はつぼ状鐘形，白色で淡紅色の縦条が入る。果実は扁球形で紫黒色に熟す。別名オオバコケモモ【上左：2005/4/13 植栽，上右：2005/5/2 植栽，（果実）：2005/12/28 植栽】

ギーマ　*Vaccinium wrightii*　分布：琉球（奄美大島以南）／　低地から高地までの林縁で普通に見かける常緑低木。葉は互生し，葉身は革質で両面無毛，鈍鋸歯縁で葉先は尖る。花序は腋生し，長く伸びた花序軸から垂れ下がるように花をつける。花冠はつぼ形，白色でやや桃色を帯びる。果実は球形で黒熟して食べられる。本種によく似たシャシャンボは関東地方からトカラ列島，沖縄島，先島諸島に分布し，葉先が長く伸びて尖る点で区別できる【上左：2015/11/21 龍郷町，上右：2014/5/1 瀬戸内町】

木本類

アオキ ***Aucuba japonica*** var. ***japonica*** 分布：本州〜琉球／ 雌雄別株の常緑低木で，枝は濃緑色で太くて円い。葉は対生し，葉身はなめし革のような質感で表面に光沢があり，縁にはまばらに鋸歯がある。花は紫褐色で４花弁が平開し，果実は楕円形で冬に赤熟する。奄美群島では高地の林内でよく群生している。和名は一年中青々としていることに由来する。アオキ科【上左：2016/1/11 徳之島町，上右：2016/3/21 徳之島町】

リュウキュウハナイカダ ***Helwingia japonica*** subsp. ***liukiuensis*** 分布：琉球（奄美大島・徳之島・沖縄島）／山地の谷沿いや湿った林縁に生える雌雄別株の落葉低木。若枝は緑色で無毛。葉は互生し，枝先に集まってつく。葉身は表面に光沢があり，芒状鋸歯縁で葉先は尾状に伸びる。花は淡緑色。果実は球形で黒褐色に熟す。花や果実は葉の中肋上につき，そこから葉柄までの中肋は明らかに太くなっている。ハナイカダ科【上（花）：2015/4/18 大和村，右（果実）：2014/6/22 大和村】

ミフクラギ　木の傷口から出る乳液は有毒。種子も有毒で，魚毒として使われた【2014/7/6 奄美市，(果実)：2016/10/30 奄美市】

ミフクラギ　*Cerbera manghas*　分布：琉球／海岸に生える常緑小高木。葉は互生し，枝先に集まってつく。葉身は長さ20㎝前後と大きく，全縁で縁は波打つ。花序は頂生し，白い花をつける。果実は楕円形でえんじ色に熟す。種子は繊維質の内果皮で被われ，海水に浮いて散布される。別名オキナワキョウチクトウ【上：2014/6/22 奄美市】

ミフクラギ　奄美の海岸林を特徴づける代表的な樹種。白い花を咲かせているのがミフクラギ【2015/7/4 大和村】

モンパノキ *Heliotropium foertherianum* 分布：トカラ列島～琉球／ 海岸の砂浜や隆起サンゴ礁上に生える常緑低木。樹皮は灰白色でコルク層が発達する。葉は枝先に集まってつき，さじ形で両面に白い綿毛が密生する。花序は頂生し，白色の小花を多数つける。果実はほぼ球形で橙黄色に熟す。銀白色を帯びた葉群と樹形が美しく，庭木として植栽される【2016/4/14 知名町】

チシャノキ *Ehretia acuminata* var. *obovata* 分布：本州（中国地方）～琉球／ 川沿いや湿った林内に生える落葉高木。樹皮はカキノキに似て灰白色で縦に浅く割れて剥がれることから，カキノキダマシの別名がある。葉は互生し，葉身は倒卵状楕円形で縁には細かい鋸歯がある。花序は頂生し，円錐状で白い小さな花を多数つける。花弁は5裂して平開する。果実は球形で小さく，黄熟する【左：2016/6/5 奄美市，（果実）：2016/7/24 徳之島町】

フクマンギ *Ehretia microphylla* 分布：琉球（奄美大島以南）／ 海岸近くに生える常緑低木。葉は短枝では束生し，長枝では互生する。葉身はまれに上部に1～2個の粗い鋸歯があり，表面は剛毛が散生してざらつき，剛毛の基部は白点状に見える。花序は腋生し，白い小さな花を数個つける。果実は球形で赤熟する【上（果実と花）：2016/11/23 奄美市】

マルバチシャノキ *Ehretia dicksonii* 分布：本州（関東地方以西）～琉球／ 海岸近くに生える落葉小高木。樹皮は灰白色で厚いコルク質。葉身は厚く，広卵形で基部は浅い心形，細鋸歯縁で表面はざらつく。花弁は白色で5裂片はそり返る。果実は球形で黄熟する【上：2016/4/17 奄美市，（果実）：2016/7/24 徳之島町，（樹皮）：2015/4/18 大和村】

トベラ *Pittosporum tobira* 分布：本州～琉球／ 主に海岸近くの風衝低木林に生えるが，内陸部の痩せ地でも見かける雌雄別株の常緑低木。葉は互生し，枝先に輪生状に集まってつく。葉身は革質で倒卵状楕円形，全縁，裏面は網目状の葉脈が明瞭で，縁は裏側に少し巻く傾向にある。花序は頂生し，花は白色でのち黄白色になり，芳香がある。果実は球形で熟すと裂開し，粘液質の赤い仮種皮に包まれた種子があらわれる。枝葉には独特の臭気がある。トベラ科【左：2016/3/27 奄美市，上：2016/12/4 大和村】

ハマジンチョウ 危惧Ⅰ *Pentacoelium bontioides* 分布：本州（志摩半島）・九州西部・種子島・琉球／ 海岸の砂泥質の湿地に生える常緑低木。葉は互生し，葉身はやや多肉質で全縁，側脈は不明瞭。花は腋生し，花冠は漏斗状で5深裂し，淡紅白色で内面に濃紅紫色の斑紋がある。ゴマノハグサ科【2015/1/17 奄美大島】

クサトベラ *Scaevola taccada* 分布：種子島・屋久島～琉球／ 海岸の砂浜や隆起サンゴ礁上に生え，ときに大群落を形成する常緑低木。小枝は太く折れやすい。葉は大きく，互生して枝先に集まる。葉身はやや多肉質でやわらかく，明るい緑色で両面無毛，ほぼ全縁。花冠は掌状に5深裂し，白色でのち黄汚色となる。果実は扁球形で白熟する。クサトベラ科【2015/7/19 奄美市】

オキナワイボタ *Ligustrum liukiuense* 分布：琉球（奄美大島以南）／ 高地や山地の尾根筋に生える常緑低木。若枝にははじめ微毛があるが，のち無毛。枝には皮目が目立つ。葉は対生し，葉身はネズミモチよりも小さくて薄く，葉先は鈍く尖る。花序は頂生し，円錐状で白い小さな花を多数つける。果実はほぼ球形で紫黒色に熟す【2015/6/13 大和村】

ケネズミモチ *Ligustrum japonicum* f. *pubescens* 分布：本州～琉球／ 沿岸部の林内や林縁に生える常緑低木。枝は灰褐色で粒状の皮目が目立つ。葉は対生し，葉身は楕円形で両端がやや尖り，全縁で無毛，質やや厚く，側脈は不明瞭。葉柄や花軸はしばしば紫色を帯びる。花序は頂生し，円錐状で白い小さな花を多数つける。果実は楕円形で紫黒色に熟す。母種のネズミモチとの違いは，若枝や花序に短毛があること。和名は果実がネズミの糞に似ることによる【2016/4/29 徳之島町】

イワキ 危惧Ⅰ *Ligustrum japonicum* var. *spathulatum* 分布：トカラ列島（宝島），奄美大島／ 基準変種のネズミモチと違い，小枝や花序，果軸に短毛があり，葉身は先が円頭～鈍頭で質厚く，縁はやや裏側に巻き込み，果実はほぼ球形となるが，同じ個体でも葉の形に変化がみられる。葉が円く，中央がふくらむものを品種のフクロモチ，花序や若枝に短毛があるものを品種のケネズミモチというが，イワキを含めこれら３つの分類群の区別は難しく感じた【上左：2016/5/3 奄美大島，上右：2014/10/26 奄美大島】

シマモクセイ *Osmanthus insularis* var. *insularis* 分布：本州～琉球／ 沿岸部に単木的に生える雄性両性別株の常緑高木。枝は灰色で葉は対生し，葉柄基部は紫色を帯びることが多い。葉身はやや薄い革質で側脈はやや不明瞭，葉先はやや長く尖り，全縁だが若木では鋸歯が出ることもある。花は葉腋に束生し，花冠は白色で４裂する。果実は楕円形で黒紫色に熟す。別名ナタオレノキ。沖縄島には葉が細長くてかたく，鋸歯がでやすいヤナギバモクセイ var. *okinawensis* が分布する【2016/11/19 奄美市】

リュウキュウモクセイ *Osmanthus marginatus* 分布：琉球（奄美大島以南）／ 山地に生える雌雄別株の常緑高木。葉は対生し，葉身はやや厚い革質で全縁，シマモクセイに似るが，幅がやや広く，先は短く尖り，葉柄がやや長い。花は葉腋に密生してつき，花冠は淡黄白色で深く４裂して反り返る。果実は楕円形で黒紫色に熟す【2016/8/10 龍郷町，（果実）：2016/12/10 宇検村】

シマタゴ *Fraxinus insularis* 分布：屋久島・琉球（奄美大島以南）／ 山地の日当たりのよい谷筋や崩壊跡地でよく見かける雄性両性別株の落葉高木。樹皮は灰白色。葉は対生し，奇数羽状複葉。小葉は鋸歯縁で先はやや尾状に伸びて尖る。花序は頂生し，白い小さな花を多数つける。翼果は倒披針形。本土で庭木としてよく植栽されているシマトネリコ *F. griffithii* は沖縄島以南に分布し，小葉は全縁なので区別がつく【2016/3/27 龍郷町】

木本類

オオシマムラサキ ***Callicarpa oshimensis*** var. ***oshimensis***
分布：琉球（奄美大島・徳之島に固有）／　山地の林内に生える落葉低木で小枝には星状毛が密生する。葉は対生し，葉身は膜質で葉先はやや長く伸び，やや不揃いな粗鋸歯縁で裏面には褐色の腺点がある。花序は腋生し，淡紅色の花を数個つける。果実は球形で紅紫色に熟す。沖縄島の固有種であるオキナワヤブムラサキ var. *okinawensis* は葉先が伸びず，鋸歯が細かい。八重山列島の固有種であるイリオモテムラサキ var. *iriomotensis* は葉先が伸びず，基部はややまるく，鋸歯はより粗く大きい【右：2015/12/19 奄美市，（花）：2014/7/13 大和村】

オオムラサキシキブ ***Callicarpa japonica*** var. ***luxurians***　分布：本州（伊豆半島南部・伊豆七島・紀伊半島）・四国・九州～琉球／　山地の林縁でよく見かける半落葉低木。若枝では灰白色の皮目が目立つ。葉は対生し，葉身は紙質でやや厚く，表面にはやや光沢があり，縁には不揃いな細鋸歯がある。花序は腋生し，淡紅色の花を多数つける。果実は球形で紅紫色に熟す。本土に分布する基準変種のムラサキシキブよりも全体的に大ぶりである【上：2015/11/15 大和村，右：2015/7/12 奄美市】

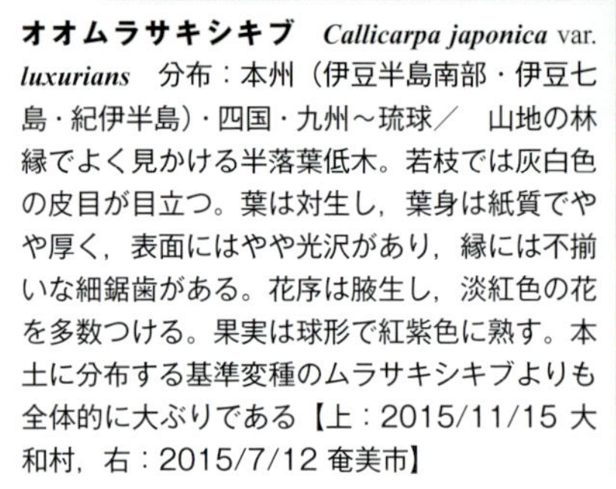

ニンジンボク ***Vitex negundo*** var. ***cannabifolia***
分布：中国原産／　全体に香気のある落葉低木。葉は対生し，掌状複葉で小葉は３～５個。小葉は鋸歯縁で裏面に短毛があり，頂小葉は側小葉より大きい。花序は頂生または腋生し，花冠は淡紫色で唇形，上唇は２裂し，下唇は３裂する。果実は倒卵形で黒熟する。果実は薬用や浴湯用に使われるという。奄美大島では人里近くの林縁で見かけた【右：2015/5/30 大和村】

ハマゴウ ***Vitex rotundifolia*** 分布：本州～琉球／ 海岸の砂浜で茎を砂中に長く伸ばして群生し，ときに岩場でも生育する落葉小低木。葉は対生し，強い芳香がある。葉身は広卵形で先はややまるく，全縁，萼や若枝とともに毛が密生し，表面は灰緑色，裏面は灰白色を呈する。花序は頂生または腋生し，花冠は淡青紫色でやや唇形。果実は球形【2014/6/29 龍郷町】

ミツバハマゴウ ***Vitex trifolia*** var. ***trifolia*** 分布：琉球（奄美大島以南）／ 海岸の砂浜やその後背地に生える落葉低木で，ハマゴウと違って茎は立ち上がる。葉は対生し，3小葉でときに2小葉または単葉となる。小葉は無柄，倒卵形で先はやや尖り，全縁，表面はやや無毛，裏面は灰白色で毛が密生する。花序は頂生または腋生し，花冠は淡青紫色でやや唇形。果実は球形。西表島には小葉が3～5枚で明らかな小葉柄のあるヤエヤマハマゴウ var. *bicolor* が分布する【右：2016/9/4 龍郷町】

ハマクサギ ***Premna microphylla*** 分布：本州（近畿地方以西）～琉球／ 海岸近くの林縁で見かける落葉小高木。葉は対生し，葉身は成木では広卵形で全縁となるが，幼木では卵状楕円形で小さく，数個の大きな鈍鋸歯が出る。花序は頂生し，淡黄色の小さな花を多数つける。果実は球形で黒紫色に熟す。全体に臭気があり，特に幼木では近寄っただけで臭気を感じるが，奄美大島では本土のものに比べ，それほど臭気を感じなかった【左：2016/5/7 龍郷町，下（若木）：2018/5/20 県本土（薩摩半島）】

タイワンウオクサギ *Premna serratifolia* 分布：琉球（奄美大島以南）／ 砂浜の後背地や海岸に面した崖地などに生える常緑小高木。葉は対生し，葉身は質やや厚く，表面は光沢があり，全縁だが幼木では上部に鋸歯が出る。花序は頂生し，緑白色の小さな花を多数つける。果実は球形で黒紫色に熟す。全体的に臭気はあまりない【上:2016/11/23 奄美市，右:2016/7/9 奄美市】

アマクサギ *Clerodendrum trichotomum* var. *fargesii* 分布：九州南部～琉球／ 農耕地周辺や山地の林縁でよく見かける常緑小高木。葉は対生し，長い葉柄がある。葉身は表面にやや光沢があり，ほぼ全縁。花序は頂生し，花冠は白色で雄しべが花冠から長くつき出る。果実は球形で紫青色に熟す。本土に分布する基準変種のクサギよりも花がまばらにつき，臭気が少ない【2014/8/24 奄美市】

イボタクサギ *Volkameria inermis* 分布：種子島・トカラ列島～琉球／ マングローブの後背湿地や河口，砂浜に生える半つる性の常緑低木。葉は対生し，葉身は革質で全縁，ちぎると臭気がある。花序は腋生し，花冠は白色で花筒は細長く，雄しべと雌しべが花冠から長くつき出る。果実は倒卵形【2015/6/6 奄美市】

アマミヒイラギモチ　危惧Ⅰ　*Ilex dimorphophylla*　分布：琉球（奄美大島固有）／　高地の林内に生える雌雄別株の常緑小高木。葉は互生し，葉身は革質で成木では楕円状円形で全縁，若木では長楕円形で刺状の鋸歯が２～５対出る。花序は腋生し，淡黄色の花がかたまってつく。果実は球形で赤熟する。自生地における個体数は少ないが，増殖は容易で集落では防風樹としても利用されている【上左：2013/3/30 県本土植栽，上右：2015/10/3 奄美大島】

霧に包まれた湯湾岳山頂　奄美群島の最高峰である湯湾岳（標高694.4m）の山頂付近は霧がかかりやすく，亜熱帯気候のなかでも冷涼で湿潤な区域となっている。タイミンタチバナやシキミ，ミヤマシロバイ，シバニッケイ，サクラツツジなどで構成される低木林が発達し，その林内では貴重な動植物を観察することができる。住用川上流の神屋国有林とともに，「神屋・湯湾岳」として1968年に国指定天然記念物となった【2016/6/19 宇検村の地和岳から湯湾岳山頂を望む】

クロガネモチ *Ilex rotunda* 分布：本州（関東地方以西）～琉球／ 山地の林内に生える雌雄別株の常緑高木。葉は互生し，若枝と葉柄はしばしば紫色を帯びる。葉身はやわらかい革質で全縁。花序は腋生し，淡黄緑色の花をつける。果実は球形で赤熟する。樹皮は白っぽく，街路樹や庭木としてよく植栽される【左：2016/5/29 奄美市，上：2016/12/11 奄美市】

モチノキ *Ilex integra* 分布：本州（東北地方南部以西）～琉球／ 山地の林内に生える雌雄別株の常緑高木で樹皮は灰白色。葉は互生し，葉柄はしばしば紫色を帯びる。葉身はクロガネモチよりもかたい革質で先端は短く尖り，側脈は不明瞭，全縁だが幼木ではしばしば鋸歯が出る。花序は腋生し，淡黄緑色の花をつける。果実は楕円状球形で赤熟し，クロガネモチよりも大きく，径約1㎝。昔は樹皮から鳥もちをつくっていた【左：2016/11/12 知名町】

ツゲモチ *Ilex goshiensis* 分布：本州（紀伊半島）･四国～琉球／ 山地の林内に生える雌雄別株の常緑小高木。若枝には微毛が密生する。葉は互生し，葉身はモチノキよりも一回り小さく，革質で菱形状楕円形，全縁で側脈は不明瞭。花序は腋生し，白色の花をつける。果実は球形で赤熟する【下左：2016/1/16 奄美市，下右：2014/5/4 奄美市】

オオシイバモチ *Ilex warburgii* 分布：琉球（奄美大島以南）／ 山地の林内に生える雌雄別株の常緑小高木。葉は互生し，葉身は薄い革質で先は尾状に伸び，縁には浅い鈍鋸歯がある。花序は腋生し，淡黄色の花をつける。果実は球形で赤熟する【上左：2016/12/18 天城町，上右：2016/3/27 龍郷町】

ムッチャガラ *Ilex maximowicziana* var. *kanehirae* 分布：琉球（奄美大島以南）／ 山地の林内に生える雌雄別株の常緑小高木。葉は互生し，若枝には明瞭な稜がある。葉身は中央より上部が幅広く，鈍鋸歯縁で先は鈍く尖り，基部は鋭形，両面は無毛で腺点が散らばる。花序は腋生し，淡黄緑色の花をつける。果実は球形で黒熟する【左：2015/9/20 徳之島町】

ヒロハタマミズキ 危惧Ⅰ *Ilex macrocarpa* 分布：琉球（奄美大島）／ 奄美大島西部沿岸部の湿潤な林縁に生える雌雄別株の落葉小高木。葉は互生し，葉身はやや厚くてやわらかく，縁は波打って低い細鋸歯がある。4月中旬～下旬頃，葉腋に白色の花をつける。果実は扁球形で黒熟する【下左：2016/4/16 奄美大島，下右：2015/8/30 奄美大島】

カクレミノ *Dendropanax trifidus* 分布：本州～琉球／ 山地の林内に生える常緑小高木。葉は互生するが形はきわめて変化に富み，成木では長楕円形または菱形状楕円形で全縁だが，若木では2～3深裂する。葉身は革質で表面には光沢があって基部から出る3行脈が目立ち，裏面は網状脈がよく見える。花序は頂生し，淡黄緑色の花をつける。果実は広楕円形で黒熟する【上左：2016/8/10 龍郷町，上：2015/7/5 大和村】

フカノキ *Schefflera heptaphylla* 分布：九州南部～琉球／ 山地の谷筋や肥沃な林内に生える常緑高木。樹皮は灰褐色で平滑であり，林内では樹皮だけでもおよそ見当がつく。葉は大型で互生し，掌状複葉で6～11枚の小葉からなる。小葉は全縁だが，若木では深く切れ込むこともある。花序は頂生し，黄白色の花を多数つける。果実は球形で黒褐色に熟す【2015/12/20 瀬戸内町】

リュウキュウヤツデ *Fatsia japonica* var. *liukiuensis* 分布：琉球（奄美大島以南）／山地の肥沃な林内に生える常緑低木。葉は互生し，葉身は大型で掌状に7～9深裂し，裂片には粗い鋸歯がある。花序は頂生し，白色の花を多数つける。果実は球形で黒熟する。本土に分布する基準変種のヤツデに比べ，本変種の葉は質がやや薄くて表面の光沢が少なく，緑色も薄い【2015/1/17 奄美市】

リュウキュウタラノキ *Aralia ryukyuensis* var. *ryukyuensis*　分布：九州南部～琉球／　山地の林縁に生える落葉低木。茎はほとんど分枝せずに直立し，太くて短い刺がある。葉は互生して茎の先端に集まってつき，2回羽状複葉。小葉は狭卵形で先は次第に細くなって尖り，裏面は蝋白色を帯びる。花序は頂生し，白色の小さな花を多数つける。別名ウラジロタラノキ。本土に分布するタラノキ *A. elata* は小葉が卵形で葉先は急に狭くなって尖り，裏面は蝋白色を帯びない。ウコギ科【2016/1/16 奄美市】

パパイヤ *Carica papaya*　分布：熱帯アメリカ原産／　集落周辺でよく栽培されている雌雄別株または同株の常緑小高木で，山麓部では野生化しているものも見かける。幹は太く直立し，先端に大型の葉を放射状につける。葉は互生。葉身は7～9深裂し，裂片はさらに羽状に切れ込む。雌花は白色で葉腋に単生し，雄花序は葉腋から垂れ下がり，白色の小さな雄花をつける。果実は橙黄色に熟すが，未熟果は漬物などに利用されている。パパイヤ科【左（果実と雌花）：2016/10/9 知名町，上（雄株）：2016/10/9 知名町】

木本類

モクビャッコウ　危惧Ⅰ　***Crossostephium chinense***　分布：トカラ列島～琉球／　海岸の隆起サンゴ礁上に生える矮性の常緑小低木。葉は互生して密生し，茎とともに灰白色の短毛が密生する。葉身は厚くてやわらかく，さじ形で全縁まれに2～5裂する。花序は腋生し，頭花は黄色で悪臭がある。キク科【上：2014/11/29 喜界島】

ベニツツバナ　***Odontonema strictum***　分布：メキシコ・中央アメリカ原産／　草本性の常緑低木で，しばしば山地の湿った林縁で野生化している。葉は対生し，葉身はやや薄く，楕円形で急鋭尖頭，表面はやや光沢があり，葉脈は裏面に隆起する。花序は頂生し，深紅の花を多数つける。花冠は細長い筒状で先は5裂する。キツネノマゴ科【上:2015/9/26 奄美市】

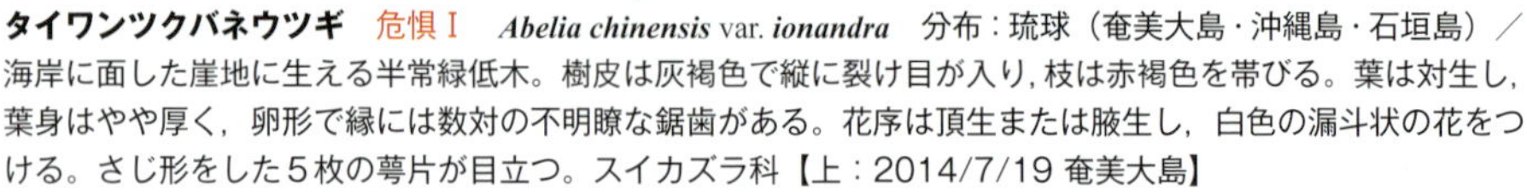

タイワンツクバネウツギ　危惧Ⅰ　***Abelia chinensis*** var. ***ionandra***　分布：琉球（奄美大島・沖縄島・石垣島）／　海岸に面した崖地に生える半常緑低木。樹皮は灰褐色で縦に裂け目が入り，枝は赤褐色を帯びる。葉は対生し，葉身はやや厚く，卵形で縁には数対の不明瞭な鋸歯がある。花序は頂生または腋生し，白色の漏斗状の花をつける。さじ形をした5枚の萼片が目立つ。スイカズラ科【上：2014/7/19 奄美大島】

サンゴジュ *Viburnum odoratissimum* var. *awabuki* 分布：本州（関東地方以西）～琉球／ 山地に生える常緑高木。葉は対生し，葉身は革質で表面に光沢があり，縁は不明瞭な低鋸歯縁かまたは全縁。花序は頂生し，白い小さな花を多数つける。果実は楕円形で暗紅色に熟する。和名は赤く染まった果序をサンゴに見立てたことによる【2016/5/28 喜界町】

ゴモジュ *Viburnum suspensum* 分布：琉球に固有／ 海岸近くに生える常緑低木。葉は対生し，葉身は倒卵形でかたく，上部は不明瞭な鈍鋸歯縁で下部はほぼ全縁，表面は葉脈が凹むためしわが目立つ。花序は頂生し，花冠は白色でピンク色を帯びる。果実は球形で赤熟する。庭木や生垣に利用される【2016/5/28 喜界町，（花）：2015/3/7 奄美市】

ハクサンボク *Viburnum japonicum* var. *japonicum* 分布：本州（伊豆半島・愛知県・山口県）・九州～琉球／ 常緑低木。葉は対生し，葉身は菱形状卵形で革質，表面に強い光沢があり，上部に粗くて低い鋸歯がある。花序は頂生し，白い小さな花を多数つけ，独特の臭気がある。果実は楕円形で赤熟する【2016/3/27 龍郷町，（果実）：2015/11/21 龍郷町】

オオシマガマズミ 危惧Ⅰ *Viburnum tashiroi* 分布：奄美大島・徳之島に固有／ 山地に生える落葉小高木。葉は対生し，葉身は卵形，表面は樹脂質の腺点が密生してテカり，縁には三角状の鋸歯がある。花序は頂生し，白い小さな花を多数つける。果実は球状卵形で赤熟する【2015/11/15 奄美大島，（花）：2015/5/9 奄美大島】

ミヤビカンアオイ　危惧Ⅰ
Asarum celsum　分布：琉球（奄美大島固有）／　高地に生える小型のカンアオイ。葉の表面は暗緑色で光沢なく，縁には毛が散生する。萼筒は短い筒形で萼裂片はそり返り，表面は無毛。空中湿度の高い林内に生えるためか，葉の表面にコケ類が付着しているものをよく見かける【2016/3/19 奄美大島】

トリガミネカンアオイ　危惧Ⅰ
Asarum pellucidum　分布：琉球（奄美大島固有）／　分布域の狭い小型のカンアオイ。萼筒はトックリ形で基部がふくらみ，上方で細くなる。グスクカンアオイに似るが，萼裂片は透明感のある淡緑色で軟毛が密生し，花柱は3個で雄しべは6個とグスクカンアオイと比較して半減している。花期は奄美大島のカンアオイ類のなかでは最も早く，12月中旬頃から咲きはじめる【2015/12/19 奄美大島】

グスクカンアオイ　危惧Ⅰ
Asarum gusk　分布：琉球（奄美大島固有）／　小型のカンアオイ。葉の表面は暗緑色で光沢なく，縁には毛が散生する。萼筒はトックリ形で萼裂片は淡褐色または緑褐色で表面無毛。花柱は6個で雄しべは12個【2015/2/11 奄美大島，（花）：2016/2/6 奄美大島】

カケロマカンアオイ　危惧Ⅰ　*Asarum trinacriforme*
分布：琉球（奄美大島固有）／　奄美大島と加計呂麻島，請島に分布する小型のカンアオイ。萼筒は球状を帯びた筒形。花柱は3個で雄しべは6個。花期は遅く，3月下旬～4月【2015/3/28 奄美大島】

アサトカンアオイ　危惧Ⅰ　*Asarum tabatanum*
分布：琉球（奄美大島固有）／　小型～中型のカンアオイ。萼筒はやや丸みを帯びた筒形で口環がよく発達している【2017/3/4 奄美大島，（花）：2017/3/11 奄美大島】

ナゼカンアオイ　危惧Ⅰ　*Asarum nazeanum*　分布：琉球（奄美大島固有）／　小型～中型のカンアオイ。萼筒はやや丸みを帯びた筒形で上方にやや広がる。萼筒入口にはつば状の口環があり，その周囲には白色のうね状隆起が発達している。萼裂片は有毛で外側に強くそり返る。アサトカンアオイは萼筒入口が狭く，萼裂片の毛が多い【2016/3/12 奄美大島】

タニムラカンアオイ *Asarum leucosepalum* 分布：琉球（徳之島固有）／ 徳之島に自生する小型のカンアオイ。分布域は限られている。葉縁は有毛。萼裂片は白く，縁は有毛，口環の周囲は隆起する【2019/1/20 栽培】

ハツシマカンアオイ *Asarum hatsushimae* 分布：琉球（徳之島固有）／ 徳之島の山地でも標高の高い林内に出現する中型のカンアオイ。萼筒は細い筒形で花柄が他種と比較して著しく長いことが本種の大きな特徴となっている【左：2016/3/21 徳之島町，（花）：2017/2/19 天城町】

トクノシマカンアオイ 危惧Ⅰ *Asarum simile* 分布：琉球（徳之島固有）／ 徳之島に自生する3種類のカンアオイの中では，低地の石灰岩地から高地まで最も広く分布する中型のカンアオイ。萼筒は丸い筒形で萼裂片は強くそり返る【2017/3/5 徳之島】

フジノカンアオイ *Asarum fudsinoi* 分布：琉球（奄美大島固有）／ 沢沿いや斜面下部の湿った林内に生育する大型のカンアオイ。奄美大島に自生するカンアオイの中では，最もよく見かける。葉の表面は光沢があり，両面無毛，葉柄は長い。開花時期は個体群によってばらつきがあり，島内全体では１月～４月まで花を見ることができる。萼筒は筒形で上部がややくびれ，萼裂片の色は黄緑色や淡褐色，赤褐色と変化が多い。花柱は６個で雄しべは12個。全体的にさらに大型で，萼筒の上部が著しくくびれるものをオオフジノカンアオイとして区別することもある【左：2016/1/9 奄美市】

オオフジノカンアオイ 奄美市で115年ぶりに初雪を観察した記録的な日に撮影した【下：2016/1/24 奄美大島】

オオフジノカンアオイ 危惧Ⅰ *Asarum fudsinoi* var. *gigantea* 分布：琉球（奄美大島固有）／ 沢沿いの岩場の割れ目にしがみつくように生えていた。同じ個体群のなかでも花の色は様々であった【2015/2/21 奄美大島】

オオバカンアオイ *Asarum lutchuense* 分布：琉球（奄美大島·徳之島固有）／ 奄美大島ではフジノカンアオイと同様に広く分布する大型のカンアオイで，斜面上部から尾根付近のやや乾燥した林内ではフジノカンアオイよりも本種を見る機会が多い。葉は厚い革質で表面には光沢がある。花は全体的に暗紫色で萼筒は円柱状の筒形，萼裂片は強くそり返る。花柱は6個で雄しべは12個【左:2014/4/13 奄美市，上：2015/1/12 奄美市】

住用川の常緑広葉樹林 河川の両岸や斜面下部にはフジノカンアオイ，斜面上部にはオオバカンアオイが見られる【2016/7/2 奄美市】

リュウキュウバショウ *Musa balbisiana* var. *liukiuensis* 分布：琉球／ 大型の多年生草本。葉鞘は密接して偽茎をつくる。葉鞘の繊維は芭蕉布の材料となる。果実は種子が多く食べられない。バショウ科【2015/5/30 大和村】

ヒメガマ *Typha domingensis* 分布：北海道～琉球／ 湿地生える多年草。花穂は円柱状で上部に雄花穂，下部に雌花穂がつき，両者の間には穂のつかない軸がある。ガマとコガマは雌雄の穂が接してつく。ガマ科【2016/11/3 大和村】

ハンゲショウ *Saururus chinensis* 分布：本州～琉球／ 湿地に群生する多年生草本で，全体に臭気がある。上部の葉は花期を迎える頃に白くなり，その葉腋に穂状花序がつく。花には花被がない。ドクダミ科【2014/5/1 瀬戸内町】

サダソウ *Peperomia japonica* 分布：四国南部・九州南部～琉球／ 多肉質の多年草。海岸近くから内陸部までの湿った岩場に生える。花序は細長い肉穂状の円柱で，花には花被がない。コショウ科【2015/4/4 奄美市】

草本類

ハブカズラ *Epipremnum pinnatum* 分布：琉球／ 付着根で樹上や岩上をよじ登る木本状のつる植物。葉は大型で深く切れ込む【2016/5/29 奄美市】

クワズイモ *Alocasia odora* 分布：四国南部・九州南部～琉球／ 湿った林縁に生える大型の多年草。茎や葉の汁が皮膚につくとかゆみをおこす場合がある【2015/9/13 奄美市】

ムサシアブミ *Arisaema ringens* 分布：本州（関東地方以西）～琉球／ やや湿った低地の林内に生える多年草。葉は2個つき，3小葉があって先は尾状にとがる。花柄は葉柄より短かく，花序は葉の下に隠れるようにつく。花序をおおう仏炎苞は白緑色で一部暗紫色【2015/2/11 奄美市】

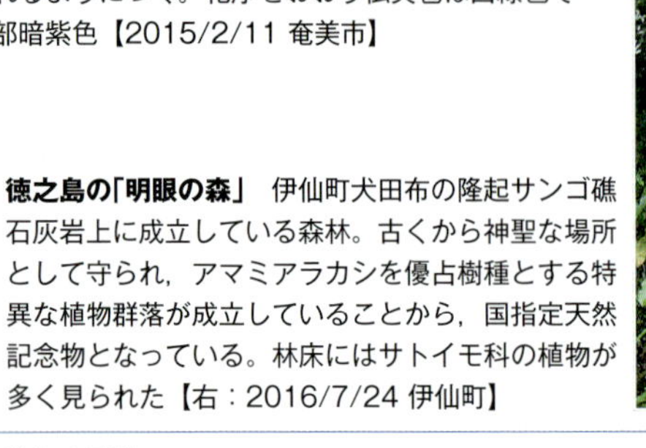

徳之島の「明眼の森」 伊仙町犬田布の隆起サンゴ礁石灰岩上に成立している森林。古くから神聖な場所として守られ，アマミアラカシを優占樹種とする特異な植物群落が成立していることから，国指定天然記念物となっている。林床にはサトイモ科の植物が多く見られた【右：2016/7/24 伊仙町】

オオアマミテンナンショウ 危惧Ⅰ *Arisaema heterocephalum* subsp. ***majus*** 分布：琉球（徳之島固有）／ やや明るい林床や林縁に生える多年草。アマミテンナンショウよりも大型で膝を超える高さになる。全体的に緑色であることもアマミテンナンショウとの相違点である【2017/1/22 徳之島】

トクノシマテンナンショウ 危惧Ⅰ ***Arisaema kawashimae*** 分布：琉球（徳之島固有）／ 高地の林内に生える高さが膝下程度の多年草。偽茎には淡褐色の斑がある。葉はふつう2個で小葉は鳥足状に10枚程度つく。花序は葉より高く，仏炎苞は紫褐色で口辺部が耳状に張り出す【2017/2/18 徳之島】

アマミテンナンショウ 危惧Ⅰ ***Arisaema heterocephalum*** subsp. ***heterocephalum*** 分布：琉球（奄美大島・徳之島固有）／ 山地の林内に生える高さが膝下程度の多年草。葉は2個で小葉は鳥足状につき，多くて20枚程度。葉柄は偽茎とともに暗紫色を帯びる。仏炎苞は緑色。花序は雄株では葉より高く，雌株では葉より低くつく【2017/2/20 徳之島】

ソクシンラン *Aletris spicata* 分布：本州（関東地方以西）～琉球／ 林道脇の土手や明るい草地に生える多年草。線形の根出葉は長さ20㎝程度で多数出る。花茎につぼ状で白色の花が密につく。キンコウカ科【左：2016/4/16 奄美市】

スナヅル *Cassytha filiformis* 分布：九州南部～琉球／ 海岸の砂浜で他の植物にまとわりつくように生える寄生性のつる草。茎は黄緑色～淡黄色で葉は鱗片状に退化している。花序は穂状，花は淡黄色で無柄。果実は球形で淡黄色に熟す。クスノキ科【上：2014/8/23 奄美市，右（果実）：2016/4/30 徳之島町】

スナヅル 砂浜に黄褐色のじゅうたんを敷いたように，スナヅルの群落が広がっていた。グンバイヒルガオやツキイゲの群落はスナヅルにほぼのみ込まれてしまったようだ。後背地にはアダンの低木林が続いていた【2016/12/3 龍郷町】

ヒナノシャクジョウ *Burmannia championii* 分布：本州（関東地方以西）～琉球／ 高さ10㎝に満たない全草白色の腐生植物。花は白色で茎頂に集まってつく。ヒナノシャクジョウ科【2013/7/7 県本土（大隅半島）】

ルリシャクジョウ 危惧Ⅰ *Burmannia itoana* 分布：九州南部～琉球／ 高さ10㎝に満たない全草青紫色の腐生植物。撮影場所の森林では，ウエマツソウやホンゴウソウも観察できた。ヒナノシャクジョウ科【2015/9/22 奄美大島】

ウエマツソウ 危惧Ⅰ *Sciaphila secundiflora* 分布：本州～琉球／ 全草赤紫色の腐生植物。総状花序は上部に雄花，下部に雌花がつき，集合果は径4㎜程度。ホンゴウソウ科【2015/9/22 奄美大島】

ホンゴウソウ 危惧Ⅰ *Sciaphila nana* 分布：本州～琉球／ 高さ10㎝に満たない全草紫褐色の腐生植物。ウエマツソウより茎が細く，集合果は径2㎜程度で花柄がはっきりしている。ホンゴウソウ科【2016/7/10 奄美大島】

草本類

ナンゴクホウチャクソウ *Disporum sessile* var. *micranthum* 分布：口永良部島・トカラ列島～琉球（徳之島以北）／ 春先の林床や林縁で白い花を咲かせる。茎頂付近につく花は1～3個で，先端は淡緑色を帯びる。イヌサフラン科【2015/3/14 龍郷町】

ヒメナベワリ *Croomia japonica* 分布：本州（中国地方）・四国～琉球（徳之島以北）／ 湿った林床に生える。茎はややジグザグ状に曲がり，葉には5～9脈がある。花は黄緑色で花被片はそり返り，黒紫色の花糸とオレンジ色の花粉が目立つ。ビャクブ科【2014/4/19 奄美市】

コショウジョウバカマ 危惧Ⅰ *Heloniopsis kawanoi* 分布：琉球（奄美大島以南）／ 高地に生える小さな多年草。葉はロゼット状に出て，長さ5㎝程度。花は白色。シュロソウ科【上左：2016/7/18 奄美大島，上右：2016/7/30 奄美大島】

ウケユリ　苔むした林内の岩場で咲く姿はとても清楚で美しい【2015/6/13 奄美大島】

ウケユリ　人の近寄り難い岩場では群生していることもある【上：2016/6/18 奄美大島】

ウケユリ　危惧Ⅰ　*Lilium alexandrae*　分布：琉球（奄美大島～徳之島）／　山地の崖地や岩上に生える。葉は広披針形～披針形で短い葉柄があり，幅3～4㎝，形はややササの葉に似た感じがある。花は白色で香りが強く，花粉は赤褐色。林道沿いの林縁でも見かけたが，再度撮影に訪れた時は盗掘された後だった【左：2015/6/13 奄美大島】

テッポウユリ *Lilium longiflorum* 分布：種子島・屋久島～琉球／ 海岸近くの岩場や草地または隆起サンゴ礁上に生えるが，人里周辺でも見かける。葉は披針形で葉柄はない。花は白色で横向きに咲き，花粉は黄色。花は香りが良く，切り花として利用されている【2015/4/18 大和村】

テッポウユリ 花粉は黄色【2015/4/18 大和村】

タカサゴユリ *Lilium formosanum* 分布：台湾原産／ 道路法面や林道脇，路傍に生える帰化植物。葉は互生して多数つき，葉身は線形で無柄。花はやや下向きに咲き，花被片の外面中肋は赤紫色を帯びる。奄美大島ではウケユリとの交雑が危惧されており，駆除作業が行われている。開花時期はテッポウユリやウケユリよりも遅い【2016/7/30 大和村】

ウスキムヨウラン *Lecanorchis kiusiana*　分布：本州（関東地方以西）～琉球／　林内に生える腐生植物。茎は黄褐色。花は淡黄色で半開し，唇弁の毛は紅色を帯びる。ムヨウラン属の植物は見つけにくいため，最近でも各地で新種が発見されている【2018/4/30 瀬戸内町】

タネガシマムヨウラン *Aphyllorchis montana*　分布：九州南部～琉球／　林内に生える腐生植物。高さ60cm程度の花茎を地上に出し，淡黄色の花をつける【2014/9/21 龍郷町】

ムロトムヨウラン *Lecanorchis taiwaniana*　分布：四国・九州・屋久島・琉球／　高さ15～30cmの腐生植物。茎は紫黒色。花は淡黄白色で唇弁の先端部分は紫色を帯び，縁には不揃いな細鋸歯がある【2014/8/31 瀬戸内町】

イモネヤガラ　危惧Ⅰ　*Eulophia zollingeri*　分布：九州南部～琉球／　高さ50cm程度の腐生植物で，地中の偽茎は楕円形に肥厚する。花は紫褐色【2015/6/20 奄美大島】

オキナワチドリ *Amitostigma lepidum* 分布：九州南部～琉球／ 海岸近くの湿った岩の割れ目や土手に生える高さ10㎝程度のラン。地際から２～３枚の葉を出し，花は淡紅紫色で唇弁には紅紫色の斑がある【2015/3/8 奄美市】

リュウキュウカイロラン 危惧Ⅰ *Cheirostylis liukiuensis* 分布：九州南部～琉球／ 樹林下に生える小型のラン。葉は紫褐色で花茎は淡紅色を帯びる。花は白色。唇弁は２裂し，１対の緑斑がある。別名アカバシュスラン（タネガシマカイロラン）【2017/3/26 奄美大島】

ナンゴクネジバナ *Spiranthes* var. *sinensis* 分布：琉球／ 日当たりのよい人工的な草地でよく見かける。葉は根生し，長さ15㎝程度の花序に淡紅色の花をらせん状に多数つける。ネジバナと違い，花茎や萼片は無毛である【上の左と中：2016/4/9 奄美市】

ネ ジ バ ナ *Spiranthes sinensis* var. *amoena* 分布：北海道～琉球／ 花茎や萼片は有毛。和名は花序がねじることによる【上右：2015/5/30 大和村】

ムカゴトンボ *Peristylus flagellifer* 分布：本州（千葉県以西）～琉球（徳之島以北）／ 日当たりのよい湿った草地や粘土質の土手に生える。花は緑色で唇弁は3裂し，側裂片は細いひげ状となって水平に伸びる【左と上：2016/8/28 大和村】

リュウキュウサギソウ 危惧Ⅰ *Habenaria longitentaculata* 分布：トカラ列島～琉球／ 湿った林縁や川沿いに生える。茎は高さ30～60㎝で葉は茎の上部にやや集まってつく。花は淡緑色で密生し，側花弁は2裂，唇弁は3裂し，ともに糸状に長く伸びるので，とてもエレガントな姿となる【右と上：2015/9/27 奄美大島】

ユウコクラン *Liparis formosana* 分布：本州(紀伊半島南部)・九州〜琉球／ コクランよりやや大型で，琉球ではコクランよりユウコクランをよく見かける。花茎は翼があって角ばり，花数はコクランより多い【左(草姿と花拡大)：2016/5/4 奄美市】

コクラン *Liparis nervosa* 分布：本州〜琉球／ ユウコクランの唇弁の先は円頭だが，コクランは凹頭【右：2013/6/23 県本土】

チケイラン *Liparis bootanensis* 分布：九州南部〜琉球／ 樹上や岩上に着生する。偽球茎を持つ着生ランのなかでは，最もよく見かけた。偽球茎は細長いつぼ状で葉は狭長楕円形。斜上して弓状に曲がった花茎が特徴的で，10個前後の淡黄土色の花をやや片側につける【2014/12/23 大和村】

コゴメキノエラン 危惧Ⅰ *Liparis elliptica* 分布：屋久島・奄美大島／ 苔むした樹上に着生する。チケイランよりも全体的に小さく，扁平な偽球茎を持つのが特徴。花茎は下垂し，緑白色の花をつける【左：2015/1/24 奄美大島，上：2014/7/20 奄美大島】

ヒメフタバラン *Neottia japonica* 分布：本州～琉球／ 1月のまだ寒い頃から咲き始める小型のラン。2枚の葉は対生し，淡紫褐色の花をつける。唇弁は深く2裂し，Y字を逆さまにした形となる【2015/1/12 奄美市】

ヒメトケンラン *Tainia laxiflora* 分布：伊豆諸島・四国南部～琉球／ 青白色の斑紋のある1枚の葉を地表近くにつける小型のラン。花茎にやや下向きの花を1～5個つける。最盛期は5月上旬だが，3月に咲く個体もあった【2015/5/9 大和村】

草本類

キヌラン　*Zeuxine strateumatica*　分布：九州南部～琉球／　日当たりのよい草地や林縁に生える高さ10㎝未満の小型のラン。人為的な影響の多い場所でも見かける。茎と葉は紅紫色を帯び，花茎に淡紅紫色を帯びた白色の花を多数つける。唇弁は帯黄色【2015/3/7 奄美市】

カゲロウラン　*Zeuxine agyokuana*　分布：本州（関東地方以西）～琉球／　晩秋の林内でひっそりと咲く高さ15㎝前後の小型のラン。葉は暗緑色でビロード状の光沢がある。花は2～10個と少なく，側花弁と唇弁は乳白色。側萼片は披針形で平開し，縁はやや内側に巻く【2015/10/18 瀬戸内町】

ヤンバルキヌラン　*Zeuxine tenuifolia*
分布：琉球／　春の林内で咲く小型のラン。花茎はやや長く，10～20㎝。葉は明るい緑色で，花茎には開出する白毛があり，10個前後の花をつける。唇弁は長く，基部を除き白色。よく似たイシガキキヌランは花数が約20個と多く，唇弁の先端は黄色【2015/3/29 瀬戸内町】

ヤクシマアカシュスラン *Hetaeria yakusimensis* 分布：本州（静岡県以西）～琉球／ 和名は葉が乾くと赤変することによる。花は３～15個で側花弁と唇弁は白色。カゲロウランに似るが，側萼片は斜卵形。10月上旬頃が最盛期。奄美大島ではカゲロウランよりもよく見かけた【上と左2015/10/18 瀬戸内町】

キンギンソウ *Goodyera procera* 分布：屋久島・種子島～琉球／ 沢沿いや水が常に滴り落ちるような崖地に生える。葉は多少肉質で長さ15㎝程度。唇弁の色が開花後に白（銀）色から黄（金）色に変化する【2016/4/10 大和村】

カゴメラン *Goodyera hachijoensis* var. *matsumurana* 分布：九州南部～琉球／ やや湿った林内に生える。葉の表面に白い網目模様がある。茎や花茎は赤褐色を帯び，淡紅白色の花を多数つける。花期は９月下旬～11月中旬【2015/9/26 奄美市】

ツルラン *Calanthe triplicata* 分布：九州南部～琉球・小笠原／ 奄美では最もよく目にするエビネの仲間。葉は強壮で縦じわが著しい。花は白色で唇弁は大の字に裂け，その基部にある黄～赤色の隆起がいいアクセントになっている。最盛期は7月下旬～8月上旬【左:2015/7/18 瀬戸内町，上：2014/8/9 奄美市】

オナガエビネ 危惧Ⅰ *Calanthe masuca* 分布：甑島・黒島～琉球／ 花は花茎の先端部につき，桃紫色で花被片は唇弁の上から覆いかぶさるように出る。7月下旬～8月上旬が最盛期。奄美大島では見る機会に恵まれなかった【左と上：2016/7/23 徳之島】

レンギョウエビネ　危惧Ⅰ　*Calanthe lyroglossa*
分布：種子島・屋久島～琉球／　沢沿いや湿潤な林内の地上に生えるが，腐朽した倒木上で着生状に生えることもある。花は花茎に密生し，濃黄色で半開する。帯白色の苞は開花時に脱落する。写真の株はスギの腐朽した切株上に生えていた【左と上：2016/4/3 奄美大島】

エビネ　*Calanthe discolor*　分布：北海道～琉球／　奄美群島では徳之島に産するが，徳之島に自生するオナガエビネやツルランに比べると全体的に華奢である。花は平開し，花被片は茶褐色～紫褐色で唇弁は白色。徳之島産のものはトクノシマエビネとして絶滅危惧Ⅰ類に指定されている【右と上：2016/3/20 徳之島】

アマミエビネ　花が白色の個体が多い【2016/4/3 奄美大島】

アマミエビネ　最盛期は３月下旬～４月上旬【2016/4/2 奄美大島】

アマミエビネ　危惧Ⅰ　*Calanthe amamiana*　分布：琉球（奄美大島固有）／　本土に分布するキリシマエビネに似ている。花は白色～帯桃白色で，色のつき方は個体によって異なる【上：2015/3/29 奄美大島，右：2016/3/12 奄美大島】

カクチョウラン　危惧Ⅰ　***Phaius tankervilleae***
分布：種子島・屋久島～琉球／　林内の凹地や湿った崖地を好む大型の地上ラン。花被片は外側が白色で内側は暗褐色，唇弁は筒状に巻き，先端部は暗紅紫色に染まる。最盛期は5月上旬～中旬【左：2014/5/24 奄美大島，上：2015/5/10 奄美大島】

トクサラン　危惧Ⅰ　***Cephalantheropsis obcordata***　分布：甑島・種子島・屋久島～琉球／　冬季に花をつけるやや大型の地上ラン。茎は硬く，緑色で節がある。葉は互生し，縦じわが目立つ。花茎に淡黄色の花をやや密につける。12月が見頃。和名は，葉が落ちた茎の様子をトクサに見立てたことによる【2017/1/9 奄美大島】

草本類

ヨウラクラン *Oberonia japonica* 分布：本州～琉球／ 樹幹やまれに岩上に着生し，下垂する茎に袴状の葉を2列につける。花は淡紅色～淡黄褐色で下垂する花茎に密生する【2016/7/23 徳之島町】

ナゴラン 危惧Ⅰ *Sedirea japonica* 分布：本州（静岡県・伊豆半島以西）～琉球／ 樹幹に着生し，厚い葉を2～6枚つける。花は淡緑白色で褐紫色の横縞が入る。園芸用として盗掘の対象になりやすい【2015/6/7 奄美大島】

フウラン 危惧Ⅰ *Vanda falcata* 分布：本州（関東地方以西）～琉球／ 針葉樹や広葉樹の樹幹や岩上に着生する。葉は革質でかたく，断面はV字形。花は純白で長く湾曲した距が特徴的である。徳之島ではリュウキュウマツに着生している個体が多いため，松くい虫による松枯れで個体数が急激に減少することが懸念される【2016/7/24 徳之島】

オサラン *Eria japonica* 分布：本州（伊豆諸島・紀伊半島）・四国～琉球／ 苔むした樹上や岩上に着生する小型のラン。偽球茎は相接して並び，マット状に群生することもある。花は白色で唇弁には黄色と紅色が混じる【上：2016/6/5 奄美市】

キバナノセッコク *Dendrobium catenatum* 分布：本州（伊豆諸島）・四国～琉球／ 空中湿度の高い川沿いの樹上に垂れ下がるように着生しているのをよく見かける。花は淡黄緑で唇弁に紫褐色の斑紋がある【上：2016/7/2 奄美市】

ボウラン *Luisia teres* 分布：本州（近畿地方南部）～琉球／ 明るい環境下の岩上や樹幹に着生する。葉は多肉質で円柱状。花は黄緑色で濃紫色の斑紋があり，全体的に地味で目立たない。花期は7～8月【2016/9/24 宇検村】

カシノキラン *Gastrochilus japonicus* 分布：本州（千葉県以西）・四国～琉球／ 樹幹に着生するランでは最もよく見かけ，木肌の滑らかなフカノキなどにも着生していた。花は淡黄緑色で唇弁には暗紅褐色の斑紋がある【2015/7/18 瀬戸内町】

ヒオウギ *Iris domestica* 分布：本州～琉球／ 海岸に面した崖地や草地に生える多年草。葉は広い剣状で扇状に互生し，粉白色を帯びる。花茎は分枝し，橙色の花をつける。6枚の花被片は同形同大で，内面に暗赤色の斑点がある。種子は球形，黒色で光沢が強い。アヤメ科【上:2016/5/28 喜界島，(種子)：2014/9/15 龍郷町】

フサジュンサイ *Cabomba caroliniana* 分布：北アメリカ原産／ 多年生の水生植物。茎葉はほとんど水中にあり，水中葉は対生して糸状に3～4回分裂する。花は小さな水上葉から腋生し，花被片は6枚で白色。観賞用に導入され，全国で野生化している。役勝川上流のよどみで生育していた。別名ハゴロモモ。ジュンサイ科【2016/1/31 瀬戸内町】

コキンバイザサ *Hypoxis aurea* 分布：本州～琉球／ 山地や丘陵地の草地に生える多年草。葉は地際から束生し，線形で幅は1㎝未満，全体に長毛がある。花茎は腋生し，細長くてはっきりしており，先に黄色い花をつける。雄しべの葯は花糸より短い。キンバイザサ科【上:2014/10/26 奄美市】

キンバイザサ *Curculigo orchioides* 分布：本州（紀伊半島・中国地方）・四国～琉球／ 山地の明るい土手や草地に生える多年草。葉は地際から束生し，線形で幅は1～2㎝，全体に長毛がある。花茎は短く，葉鞘にかくれるように出て，先に黄色い花をつける。雄しべの葯は花糸と同じかやや長い。キンバイザサ科【2015/5/4 大和村】

キキョウラン *Dianella ensifolia* 分布：本州（紀伊半島）・四国～琉球／ 海に面した崖地や岩場，まれに砂浜に生える多年草で，根茎を出して増える。葉は広線形，丈夫で光沢がある。初夏に青紫色の花をやや下向きにつける。種子は長楕円形，コバルト色で光沢がある。撮影時には季節外れの花が咲いていた。ススキノキ科【左：2016/10/8 知名町】

アキノワスレグサ *Hemerocallis fulva* var. *sempervirens* 分布：中国原産／ 人里周辺の畦地や草地に生える多年草。3倍体で種子はつくらない。ススキノキ科【上：2016/11/6 奄美市】

ハマオモト *Crinum asiaticum* var. *japonicum* 分布：本州（関東南部以南）～琉球／ 海岸の砂浜に生える大型の多年草。種子はコルク質で海水に浮いて散布される。別名ハマユウ。ヒガンバナ科【2014/8/23 奄美市】

タマムラサキ *Allium pseudojaponicum* 分布：本州～琉球（奄美大島）／ 海岸近くの草地に生える。葉は広線形で中実。花は紅紫色で長い花糸が目立つ。ヒガンバナ科【2014/11/14 奄美市】

ノシラン *Ophiopogon jaburan* 分布：本州（関東地方以西）～琉球／ 山地の林床に普通に生え，ときに群生する。葉は厚くて光沢があり，長さ30～80㎝。花茎は扁平で２稜があり，白色の花を下向きにつける。花期は７月中旬～８月。種子はコバルト色に熟す【左：2016/7/16 大和村，上：2016/3/20 徳之島町】

ツルボ *Barnardia japonica* 分布：北海道南西部～琉球／ 日当たりのよい海岸の草地や岩場に生える。卵球形の鱗茎をもち，厚くてやわらかい線状倒披針形の葉を２個つける。花茎は30㎝前後で，淡紅紫色の花を多数つける【下：2016/9/25 喜界町】

ヤブラン *Liriope muscari* 分布：本州～琉球／ 海岸の草地や林床に生える。葉は密に束生し，幅10㎜程度。淡紅紫色の花を多数つける。種子は球形で黒紫色。よく似たコヤブランは，葉の幅が５㎜程度で茎の基部から地表を水平に伸びる匐枝を出し，その先に子株をつけて増える。ヤブランは匐枝を出さない【上：2015/8/29 瀬戸内町】

ナルコユリ *Polygonatum falcatum* 分布：本州（関東地方以西）～琉球／ 高地の林内に生える。茎は円柱状で稜はなく，弓状に曲がる。花は筒状で白色，先端部は緑色を帯びる【2016/4/29 徳之島町】

クサスギカズラ *Asparagus cochinchinensis* 分布：本州～琉球／ 海岸の草地や岩場に生える。葉は退化して消失し，その代わりに葉のような枝（葉状枝）を出す。和名はスギの葉に似た葉状枝にちなむ【左：2016/4/14 知名町，上：2016/4/29 伊仙町】

ナンバンツユクサ ***Commelina paludosa*** 分布：トカラ列島～琉球／ 陰湿な林縁や湿地に生える多年草。葉は大きく長さ10㎝以上になり，左右やや非対称，葉鞘の縁には赤褐色の剛毛がある。花は小さく，総苞は数個がかたまってつく。別名オオバツユクサ【2016/10/30 奄美市】

ホウライツユクサ ***Commelina auriculata*** 分布：九州南部～琉球／ 陰湿な林縁に生える多年草で，ツユクサよりもひと回り大きい。葉鞘の上縁は少し耳状に張り出し，長い粗毛がある。総苞は表面に粗毛が散生し，下縁が合着して漏斗状になる。花は淡青色で花柄は総苞内に隠れる【2015/9/21 奄美市】

ツユクサ ***Commelina communis*** 分布：北海道～琉球／ 人里周辺の湿った路傍や畦地に生える一年草。葉は卵状披針形。総苞の縁は合着せず，広げれば円心形になる。花は青色で２枚の花被片が目立つ【2015/8/23 宇検村】

シマツユクサ ***Commelina diffusa*** 分布：九州南部～琉球／ 湿った林縁や路傍に生える一年草。葉は披針形。ツユクサに似るが，花は淡青色で３枚の花被片は同じ大きさになる。総苞は幅が狭く，卵状披針形で先が細長くとがる【2016/10/30 奄美市】

コヤブミョウガ *Pollia miranda* 分布：九州南部～琉球／ 山地の薄暗い林縁に生える膝下ぐらいの多年草。葉は長さ15㎝程度で主脈とほぼ平行に走る側脈が目立ち，先端はやや尾状に伸びる。花被片は6個あり，白色で同形同大。果実は球形でややくすんだ藍色となる【2014/5/31 宇検村】

シマイボクサ *Murdannia loriformis* 分布：九州南部～琉球／ 湿った草地に生える多年草で線形～披針形の根出葉がある。花序軸は長く，白淡紫色の花を数個つける【2014/11/2 瀬戸内町】

ヤンバルミョウガ *Amischotolype hispida* 分布：奄美大島以南／ 陰湿な林床に生える多年草で葉縁基部から葉鞘にかけて淡褐色の開出毛が密生する。花序は茎の中部付近につき，淡黄白色で緑色を帯びた花が密生してつく。果実は裂開して鮮橙色の種子を出す【2016/10/10 伊仙町，(果実)：2016/12/17 伊仙町】

アオノクマタケラン *Alpinia intermedia* 分布：本州（伊豆七島・紀伊半島）・四国～琉球／ やや大型の多年草で葉は無毛。花序は直立し，花は白色で唇弁に紅色の斑紋がある【2015/5/30 大和村，（果実）：2016/12/3 奄美市】

クマタケラン *Alpinia* × *formosana* 分布：九州南部～琉球／ アオノクマタケランより大型で，葉は革質で濃緑色，葉縁に褐色毛があるほかは無毛。花序は直立し，唇弁には紅色と黄色の斑紋がある。【2016/5/29 奄美市】

ゲットウ *Alpinia zerumbet* 分布：九州南部～琉球／クマタケランに似るが，より大型で葉縁と葉舌には密毛があり，花序は垂れ下がる。包と花弁は白色で縁は紅色を帯び，唇弁は黄色で紅色の条紋がある。果実は赤熟して縦じわが目立つ。葉は芳香に優れていることから，クマタケランとともに食物を包む材料に使われる。奄美ではサネンという呼び名が一般的【左：2015/6/6 奄美市，（果実）：2016/10/8 知名町】

ハナシュクシャ *Hedychium coronarium* 分布：インド・マレーシア原産／ 林道脇や農耕地周辺の湿地でしばしば群生している。花には芳香があり，海外では香水の原料として使われる【下：2015/9/27 龍郷町】

サコスゲ *Carex sakonis* 分布：トカラ列島～琉球／ 海岸の岩場に生える多年草。葉はかたく，基部の鞘は黒褐色で著しく繊維状に分解する【2015/4/18 大和村】

トクノシマスゲ *Carex kimurae* 危惧Ⅰ 分布：琉球（徳之島固有）／ 山地の林内に生える多年草で著しく細い葉を密生させる。頂小穂は雄性，側小穂は雌性【2016/4/30 徳之島】

ヤクシマイトスゲ *Carex perangusta* 分布：屋久島・琉球／ 山地渓流の水しぶきの当たるような岩場に生える多年草。全体的に繊細で，葉の幅は0.5㎜程度【2016/5/8 宇検村】

タシロスゲ *Carex sociata* 分布：九州南部～琉球／ 山地の林内に生える多年草。葉はかたく，基部の鞘は暗褐色で繊維状に分解する。頂小穂は雄性，側小穂は雌雄性で早春に開花する【上：2016/3/5 奄美市】

シオクグ *Carex scabrifolia* 分布：北海道～琉球／ 河口の塩沼地に生える多年草。長い地下茎を出し，ややまばらに群生する【2016/5/3 奄美市】

カンガレイ *Schoenoplectiella triangulata* 分布：北海道～琉球／ 池沼や休耕田のような湿地に生える多年草。茎は鋭い3稜形で小穂は無柄【2016/11/6 奄美市】

フトイ *Schoenoplectus tabernaemontani* 分布：北海道～琉球／ 池沼や河川の湿地に群生する多年草。茎は円柱状で小穂は有柄【2016/11/3 大和村】

ヒトモトススキ *Cladium jamaicense* subsp. *chinense* 分布：本州～琉球／ 海岸の湿地に群生する大型の多年草。葉は著しくざらつく【2014/7/6 奄美市】

シチトウイ *Cyperus malaccensis* subsp. *monophyllus* 分布：本州（関東地方以西）～琉球／ 海岸の湿地に群生する大型の多年草。茎は3稜形をなし，小穂は線形【2016/10/29 奄美市】

イソヤマテンツキ ***Fimbristylis sieboldii*** var. ***sieboldii*** 分布：本州（千葉県以西）～琉球／　海岸の岩場や砂泥地に生える多年草。小穂は狭長楕円形【2016/7/17 大和村】

シオカゼテンツキ ***Fimbristylis cymosa*** 分布：本州（関東地方以西）～琉球／　海岸の岩場に生える多年草。葉は無毛。花序は分枝し，小穂は長楕円形～卵形【2016/8/19 知名町】

オオシンジュガヤ ***Scleria terrestris*** 分布：種子島・屋久島～琉球／　林道沿いの湿った林縁で見かける大型の多年草。茎は鋭3稜形でざらつく。葉はかたく，葉鞘にはふつう翼がある。果実は球形で表面には格子状の模様があるが，よく似たシンジュガヤにはない。和名は果実が白色または灰白色で真珠に似ることによる【2016/9/22 奄美市】

オオアブラガヤ ***Scirpus ternatanus*** 分布：九州南部～琉球／　湿った林縁や湿地で見かける大型の多年草。茎は3稜形をなし，総苞片は葉状で大型。花序は数回分枝し，無柄で卵形の小穂が球状に集まってつく【2014/5/6 宇検村】

草本類

ササキビ *Setaria palmifolia* 分布：九州～琉球／ 林縁に生えるやや大型の多年草。葉身は披針形で葉脈に沿って深いしわがある。円錐花序は大きく，小穂に芒はないが小穂のつく小枝の先は芒状に伸びる【2016/10/29 奄美市】

イタチガヤ *Pogonatherum crinitum* 分布：本州（紀伊半島・中国地方）～琉球／ 崖地や人家の石垣などに生える多年草。稈は多数束生し，節は有毛。葉は鮮緑色で葉舌には長毛がある。花穂は黄金色の長い芒が目立つ【2016/10/30 大和村】

アツバハイチゴザサ 危惧Ⅰ *Isachne repens* 分布：九州南部～琉球／ 湿った林縁に生える多年草。稈の基部は長くはって下根する。葉身は厚く，葉の縁は硬化する。小穂の苞穎はこぶ状突起と短毛におおわれる【2016/12/3 奄美大島】

ヒメハイチゴザサ 危惧Ⅰ *Isachne myosotis* 分布：屋久島・奄美大島固有／ 高地の湿った林内に生える多年草。全体的に小さく，葉身は長さ1.5㎝程度で両面に長毛が散生する。別名ダイトンチゴザサ【2016/7/16 奄美大島】

エダウチチヂミザサ *Oplismenus compositus* 分布：伊豆七島・四国南部・九州南部～琉球／ 林縁に生える多年草。葉身は長さ10㎝程で葉鞘とともにほぼ無毛。花序の枝は長く，中軸は無毛で小穂は小枝にまばらにつく【2016/10/29 奄美市】

オオバチヂミザサ *Oplismenus compositus* var. *patens* 分布：屋久島～琉球／ 林縁に生える多年草。葉身はエダウチチヂミザサよりも大きく，長さは10㎝を超え，質も厚い。小穂を構成する第２小花の護穎の先にも短い芒が出る【2016/10/22 伊仙町】

ダイトンチヂミザサ *Oplismenus aemulus* 分布：大隅諸島～琉球／ 林縁に生える多年草。葉鞘と花序の小枝には長毛があり，葉の表面にも長毛が散生する。小穂は小枝に密生する【上：2016/10/29 奄美市】

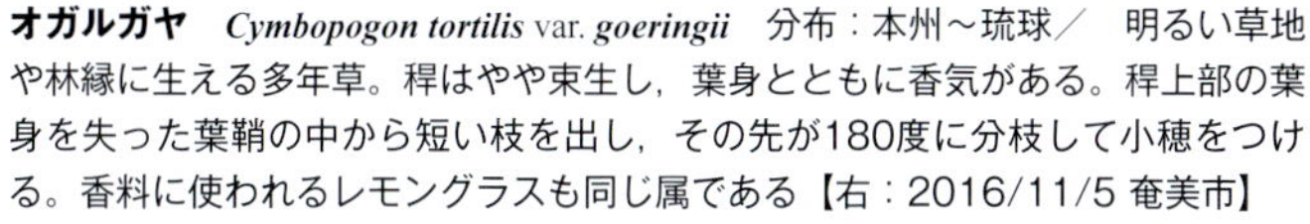

オガルガヤ *Cymbopogon tortilis* var. *goeringii* 分布：本州～琉球／ 明るい草地や林縁に生える多年草。稈はやや束生し，葉身とともに香気がある。稈上部の葉身を失った葉鞘の中から短い枝を出し，その先が180度に分枝して小穂をつける。香料に使われるレモングラスも同じ属である【右：2016/11/5 奄美市】

ハマエノコロ ***Setaria viridis*** var. ***pachystachys*** 分布：北海道～琉球／　海岸に生える一年草。エノコログサよりも草丈が低く，円錐花序は短くて刺状毛が長い。エノコログサとの中間形もある。典型的なハマエノコロは，写真の株よりも円錐花序が短い【上：2016/8/19 知名町】

シマチカラシバ ***Pennisetum sordidum*** 分布：九州南部～琉球／　海岸の岩場に生える多年草。葉は硬い革質で細く，内側に強く巻いて筒状になる。花序は円柱状で淡褐色の刺状毛が目立つ【左：2016/11/3 奄美市】

ハナカモノハシ ***Ischaemum aureum*** 分布：トカラ列島～琉球／　海岸の岩場に生える多年草。稈は束生し，下部は湾曲する。花序は一つの穂状に見えるが，これは2つの花序の扁平な軸がカモのくちばしのように相接したもので，和名の由来にもなっている【2016/4/30 徳之島町】

タイワンカモノハシ ***Ischaemum aristatum*** var. ***aristatum*** 分布：本州（紀伊半島以南）～琉球／　海岸に生える多年草。稈の下部は湾曲して長く伏し，節から下根する。花序は相接した2つの軸からなり，小穂には芒がある【2016/8/19 知名町】

ツキイゲ *Spinifex littoreus* 分布：種子島・屋久島～琉球／ 海岸の砂浜に生える雌雄別株の多年草で，長い匐枝を出して群生する。稈は太くて硬く，葉は剛直で内側に巻き，淡緑白色で先は硬い刺状になる。花序は稈の先につき，雌花序では著しく長い針状の枝が放射状に出て球形になる【左（雌株）：2014/8/23 奄美市】

ツキイゲ 雄株の花序も枝が放射状に出るが，雌株のように球状にならない【下（雄株）：2016/7/9 龍郷町】

ツキイゲ群落 果実が熟すと，球形の花序はそのまま砂浜を転がって散布される【2014/8/23 奄美市】

ナガミノオニシバ ***Zoysia sinica*** **var.** ***nipponica***
分布：本州（関東地方以西）～琉球／　海岸の塩沼地に生え，地中を深くはう根茎で群生する。葉は細くて先は硬化し，葉鞘の口部には長毛がある【上と左：2014/8/23 奄美市】

オニシバ ***Zoysia macrostachya***　分布：北海道～琉球／　海岸の砂浜に生える多年草。根茎は地中を深くはう。葉は乾けば内側に巻き，葉先は硬化して触ると痛い。花穂全体が現れることはなく，下部は葉鞘に包まれたままである【2014/6/1 奄美市】

コウライシバ ***Zoysia pacifica***　分布：九州～琉球／　海岸に生える多年草。地表をはう匐枝で広がるため，他のシバ類と違って隆起サンゴ礁上でも生育できる。葉は糸状で内側に巻き，管状になる【2015/9/20 伊仙町】

ソナレシバ *Sporobolus virginicus* 分布：琉球／ 海岸の砂浜に生える多年草。根茎は地中を長くはい，稈には多くの節があって硬い葉が2列につく。花序は枝が中軸に寄り添うので穂状になる【2016/7/9 奄美市】

クロイワザサ *Thuarea involuta* 分布：トカラ列島～琉球／ 海岸の砂浜に生える匍匐性の多年草。稈は斜上し，披針形の葉をつける。小穂は花序の片側につく【2016/7/9 奄美市】

サワスズメノヒエ *Paspalum vaginatum* 分布：屋久島～琉球／ 海岸の塩沼地に群生する多年草。稈の基部は長く横にはう。稈の先に2本の花軸をだし，その下側に2列に並んだ小穂をつける【2014/8/23 奄美市】

タツノツメガヤ *Dactyloctenium aegyptium* 分布：熱帯アジア原産／ 一年生草本。稈はやや扁平で基部は倒伏する。稈の先に小穂をつけた花軸を2～6本掌状に出し，小穂の護穎には短い芒がある【2016/8/19 知名町】

宮古崎のリュウキュウチク群落　大和村の宮古崎には強い海風の影響で矮性化したリュウキュウチクの群落が一面に広がり，奄美大島の代表的な景観スポットとなっている【2016/7/17 大和村】

リュウキュウチク　*Pleioblastus linearis*　分布：南九州～琉球／　海岸近くに生え，稈は高さ３～４mで稈鞘には剛毛が散生する。葉先は長く尾状にとがり，下垂する【2015/11/22 大和村】

ダンチク　*Arundo donax*　分布：本州（関東南部以西）～琉球／　海岸近くに群生する高さ２～４mの多年草。稈は太くてやや木質状。葉は緑白色で先は糸状に長くなり，基部は両側が耳状となって稈を抱く【2016/10/29 奄美市】

セイタカヨシ *Phragmites karka* 分布：本州～琉球／ 河川や湿地に群生する高さ2～4mの多年草。葉は糸状に細く伸びた先まで硬く，ピンと斜上してヨシのように垂れることはない。別名セイコノヨシ【2016/10/29 奄美市】

ヨシ *Phragmites australis* 分布：北海道～琉球／ 河川や湿地に群生する高さ1～3mの多年草。葉は途中から垂れ下がる。別名アシ【2016/11/3 龍郷町】

ハチジョウススキ *Miscanthus condensatus* 分布：本州（中部以南の太平洋側）～琉球／ 時に高さ2mを超える大型の多年草。葉はススキより幅広くて裏面が白色を帯び，縁は平滑でススキのようにざらつかない【2016/11/6 奄美市】

トキワススキ *Miscanthus floridulus* 分布：本州（関東南部以西）～琉球／ ススキに似るが，より大型で初夏に花をつける。花序は中軸が長いため，花序全体がすけてみえる【2016/5/21 瀬戸内町】

シマキケマン *Corydalis balansae* 分布：四国～琉球／ 海岸近くの礫地に生える多年草。全体無毛で粉白色を帯び，葉は2回羽状複葉で小葉は深裂する。花は淡黄色で外側の2花弁は上下にあって大きく，その内側にも2花弁がある。果実は線形でくびれない。ケシ科【2014/5/1 瀬戸内町】

ムラサキケマン *Corydalis incisa* 分布：北海道～琉球／ 林道沿いや人里周辺の薮地に生える二年草で全体やわらかく，悪臭がある。葉は2～3回羽状に分裂する。早春の頃，直立した花茎に紅紫色の花をつける。果実は線状楕円形で果柄の先に下向きにつく。ケシ科【上:2015/3/21 大和村】

コバナヒメハギ *Polygala paniculata* 分布：南アメリカ原産／林道沿いの荒地で見かける一年草。全体的に繊細で芳香がある。葉は線状披針形。花は白色で小さい。別名はカスミヒメハギ。ヒメハギ科【2016/9/19 瀬戸内町】

キツネノボタン *Ranunculus silerifolius* var. *silerifolius* 分布：北海道～琉球／ 山地や人里の湿った草地に生える多年草。下部の茎葉は3出複葉で小葉はさらに2～3中裂する。花は鮮黄色で花弁は5枚。果実は痩果が球形に集まった集合果で，痩果の先端は強く曲がる。本種に似たシマキツネノボタンは全体に粗い開出毛があり，茎は地をはって斜上し，痩果の先端はゆるく曲がる。キンポウゲ科【2015/3/14 龍郷町】

シロバナミヤコグサ　豆果は真直ぐな円柱状【上：2014/6/1 奄美市】

シロバナミヤコグサ *Lotus taitungensis*　分布：トカラ列島～琉球／　海岸の砂地に生えるやや多肉質の多年草。茎は匍匐し，まばらに圧毛がある。葉は５小葉からなり，葉軸の先端に３枚，これと同形でやや小さい小葉が葉軸の基部に２枚つく。花序は腋生し，白い花を４～５個咲かせる【2016/4/30 徳之島町】

ミヤコグサ *Lotus corniculatus* subsp. *japonicus*　分布：北海道～琉球／　日当たりのよい草地で普通にみられる多年草。茎は地をはって斜上する。葉は５小葉からなるが，葉軸の基部につく２枚は小さくて托葉状となる。花序は腋生し，鮮黄色の花を１～３個つける【2019/4/7 県本土（薩摩半島）】

ミツバノコマツナギ *Indigofera trifoliata*　分布：琉球（奄美大島以南）／　海岸の岩場や砂浜に生える多年草。全株に圧毛があり，茎は匍匐する。葉は３小葉からなり，頂小葉は狭倒卵形で凹頭，裏面には黒点がある。花序は葉よりも短く，緋紅色の花をつける。豆果は四角柱で線形。奄美大島ではあまり見かけないが，沖永良部島では隆起サンゴ礁上でよく見かける【2016/10/9 知名町】

草本類

シナガワハギ ***Melilotus officinalis*** subsp. ***suaveolens*** 分布：北海道～琉球／ 海岸や川原の荒地に生える越年草。葉は3小葉からなり，小葉は狭長楕円形で鋸歯縁。花序は腋生し，黄色の花を多数つける。豆果は広楕円形【2016/5/28 喜界町】

メドハギ *Lespedeza cuneata* 分布：北海道～琉球／ 日当たりのよい農耕地や山地の道ばたなどの草地に生える多年草。茎はよく分枝する。葉は3小葉からなり，小葉は線状倒披針形。花序は腋生し，葉より短く，白色で紅紫色の斑点のある花をつける【2016/8/28 宇検村】

カワラケツメイ *Chamaecrista nomame* 分布：本州～琉球／ 日当たりのよい川岸や農耕地の道ばたなどの草地に生える一年草。茎には圧毛がある。葉は偶数羽状複葉で小葉の先はとがる。花は黄色でほぼ同大の花弁5個からなり，ミヤコグサのようなマメ科に特徴的な蝶形花ではない。葉や果実は茶の代用として使用された【2016/9/24 宇検村】

シバハギ *Desmodium heterocarpon* 分布：本州（静岡県以西）～琉球／ 明るい草地に生える半低木。茎は根元で分枝し，斜上または匍匐する。葉は３出複葉。花序には開出毛がある。節果は長方形でかぎ毛がある【上：2014/9/23 瀬戸内町】

ヌスビトハギ *Hylodesmum podocarpum* var. *japonicum* 分布：北海道～琉球／ 林縁に生える多年草。葉は３出複葉で茎全体につく。小葉は質厚く，裏面は多毛で網状脈が目立つ。節果の小節果はふつう２個で衣服に付着する【左：2016/9/16 宇検村】

トキワヤブハギ *Hylodesmum leptopus* 分布：種子島・屋久島～琉球／ 林内の陰地に生える多年草。葉は３出複葉で茎の上部に集まってつく。小葉は鋭頭または尾状に伸び，裏面は細脈が目立たない。花はきわめてまばらにつく【2014/9/21 龍郷町】

ミソナオシ *Ohwia caudata* 分布：本州（関東地方以西）～琉球／ 林縁に生える半低木。葉は３小葉からなり，頂小葉は狭長卵形で鋭頭，葉柄には狭い翼がある。花は白色で淡黄色を帯びる。節果は扁平な線形で衣服に著しく付着する【2016/10/10 徳之島町】

アマミサンショウソウ ***Elatostema oshimense*** 分布：琉球（奄美大島固有）／ 奥山にある渓流の水しぶきのかかるような岩上に生える小さな多年草。葉は全縁か１～２個の鈍鋸歯がある。雄花序には５㎜程の柄があるが，雌花序は無柄で葉腋に密生する【上：2016/5/1 奄美市】

サンショウソウ ***Pellionia radicans*** var. ***minima*** 分布：本州（関東地方以西）～琉球／ 山地の湿った林内や渓流沿いの岩上などに生える多年草。葉には鈍鋸歯があり，茎と葉裏に短毛がある。花序は腋生し，雄花序には短柄があるが，雌花序にはない【左：2014/5/31 宇検村】

シマミズ ***Pilea brevicornuta*** 分布：九州南部～琉球／ 山地の渓流沿いや湿った林縁に生える多年草。茎の基部は地をはって節から根を下ろす。葉は対生し，対となる葉の大きさは不同。花序は腋生し，雄花序には長柄があり，雌花序には短柄がある。生育環境によって植物体の大きさや繁茂状況などの様相が大きく変わるため，別種に見えるときもある【2016/3/13 奄美市】

キミズ ***Pellionia scabra*** 分布：本州（関東地方以西）～琉球／ 山地の湿った林内に生える多年草。茎は円く基部は木質化し，灰褐色で毛が密生する。葉は互生して２列につき，葉身はゆがんだ卵状披針形で上半分に低い鋸歯があり，先は尾状にとがる。花序は腋生し，花は雌花序では球状に密生し，雄花序では短柄のある花序にまばらにつく【2015/5/2 奄美市】

ツルマオ *Pouzolzia hirta* 分布：本州（関東地方以西）～琉球／ やや湿った林縁に生える多年草。茎は地に伏し，長く伸びて立ち上がる。葉は対生し，葉身は表面がざらついて3脈が目立つ。花は葉腋に団塊状につく【2015/8/23 宇検村】

ヤンバルツルマオ *Pouzolzia zeylanica* 分布：本州（伊豆七島）・屋久島～琉球／ 林縁に生える多年草。茎には開出毛がまばらにあり，基部は多少木質化する。葉は互生まれに対生し，葉身の両面には長毛がある【2015/9/21 奄美市】

コケミズ *Pilea peploides* 分布：本州（関東地方以西）～琉球／ 川岸や渓流，林道沿いの湿った岩上に生えるやや多肉質の一年草。葉は対生し，葉身は卵円形で先は円く，基部はくさび形で全縁または鈍鋸歯がある。葉柄は明らかに長い。花序は葉腋に頭状に集まってつく【2014/5/3 奄美市】

コゴメミズ *Pilea microphylla* 分布：南米原産／ 舗装路の縁や礫地などの有機物の少し溜まったような場所で見かけるやや多肉質の一年草。大きさが不揃いの葉が対生する【2014/6/8 奄美市】

カラムシ ***Boehmeria nivea*** var. ***concolor*** 分布：本州～琉球／ 人家周辺のやぶ地や道ばた，山地の林縁に生える多年草。茎には圧毛が密生する。葉は互生し，葉身は広卵形で先は尾状に尖り，低鋸歯縁で裏面には白い綿毛が密生する。花序は雄花序と雌花序に分かれ，腋生してやや下垂する。繊維が強いため，昔は織物の原料として使われた【2016/9/2 大和村】

ナンバンカラムシ ***Boehmeria nivea*** var. ***nivea*** 分布：本州～琉球／ カラムシよりも全体的に大きく，茎には葉柄とともに開出毛が密生する。葉は互生し，葉身は卵円形で鋸歯はカラムシより大きい。撮影した株の生育環境はカラムシと同じような場所だった【2016/9/16 大和村】

ニオウヤブマオ ***Boehmeria holosericea*** 分布：本州～琉球／ 海岸の岩場に生える多年草。茎は太く，上部には軟毛が密生する。葉は対生し，葉身は卵円形で質厚く，縁には粗くて鈍い鋸歯があり，裏面にはビロード状の軟毛が密生する。花序は雄花序と雌花序に分かれ，雌花序は腋生して直立する【2016/6/19 大和村】

タイワントリアシ ***Boehmeria formosana*** 分布：屋久島～琉球／ 山地の林縁に生える多年草。葉は対生あるいは上部で互生する。葉身は卵形または卵状披針形で鋭尖頭，鋸歯縁。雌花序は腋生し，球状に集まった雌花の集団が穂状に密生する【2015/8/23 宇検村】

コモチマンネングサ *Sedum bulbiferum* 分布：本州～琉球／ 路傍や川岸などに生える越年草。茎は地をはって斜上する。葉は茎の上部で互生し，下部では対生する。葉身はさじ状倒披針形で肉質。葉腋には無性芽があり，これによって繁殖する。花序は頂生し，黄色の花をつける【2014/5/25 奄美市】

ハママンネングサ *Sedum formosanum* 分布：九州南部～琉球／ 海岸の岩場に生える多年草。茎は赤みを帯び，基部で分枝して広がる。葉は互生し，葉身は肉質でさじ状～広卵形，葉先は円くて茎の下部につく葉の基部は柄状となる。花序は頂生し，平面的に枝分かれして黄色の花を多数つける【2015/5/16 大和村】

タイトゴメ *Sedum japonicum* subsp. *oryzifolium* 分布：本州（関東地方以西）～琉球（奄美大島以北）／ 海岸の岩場に生える多年草。茎は基部で多数分枝して匍匐し，斜上または直立する。葉は互生し，茎の上部に密生する。花序は頂生し，短く枝分かれして黄色い花を複数つける。萼片は花弁のほぼ1/2の長さ。よく似たコゴメマンネングサ subsp. *uniflorum* は分枝した枝があまり匍匐せずに直立し，花は枝先に単生して萼片は花弁よりやや短い【上左：2015/5/16 大和村，上右：2018/5/1 奄美市】

草本類

キンミズヒキ *Agrimonia pilosa* var. *viscidula* 分布：北海道～琉球／ 山地の林縁に生える多年草。全体に軟毛がある。葉は互生し，奇数羽状複葉，小葉は5～9個で大小があり，粗い鋭鋸歯縁で裏面に腺点がある。果実にはかぎ状の刺があって衣服や動物に付着する。バラ科【2015/8/2 宇検村】

ゲンノショウコ *Geranium thunbergii* 分布：北海道～琉球（奄美大島）／ やや湿った道ばたの草地に生える多年草。茎や葉には毛があり，花柄や萼などには腺毛が混じる。葉は対生し，葉身は掌状に深裂する。花は紅紫色または白色。フウロソウ科【2013/9/8 県本土（薩摩半島）】

コマツヨイグサ *Oenothera laciniata* 分布：本州～琉球／ 海岸の砂地に生える越年草。全体的に毛があり，茎の基部は分枝して地をはう。葉は互生し，長楕円形で無柄，低鋸歯縁または羽状に浅裂する。アカバナ科【2019/4/7 県本土（薩摩半島）】

キダチキンバイ *Ludwigia octovalvis* 分布：四国（高知県）・種子島・屋久島～琉球／ 湿地に生える低木状の多年草。葉は互生し，茎や葉の両面に粗毛がある。花は直径2㎝弱。蒴果は線状円柱形で先端に萼片が残存する。本種に似たチョウジタデは全体無毛の一年草で花は小さい。アカバナ科【2016/9/22 奄美市】

イワタイゲキ *Euphorbia jolkinii* 分布：本州（千葉県以西）～琉球／ 海岸の岩場に生える多年草。植物体は秋から春に地上に出現し，早春に開花して夏には枯れる。茎は肉質で太く，株立ちする。葉は互生または輪生して密につき，葉柄はない。花序は葉腋から放射状に出て，苞葉と茎の上部の葉は黄色を帯びる。夏の紅葉も美しい【上：2015/2/8 和泊町，右：2016/4/14 知名町】

アマミナツトウダイ 危惧Ⅰ ***Euphorbia sieboldiana*** var. ***amamiana*** 分布：琉球（奄美大島固有）／ 林縁に生える多年草。茎は疎に株立ちする。葉は互生または上部で輪生し，葉柄はない。上部の葉腋から長い枝を出して花序をつける。花序には４個の腺体があり，三日月状で両端は尾状に突出する。和名には「夏」がつくが，花は春に咲く【2016/4/17 奄美大島】

リュウキュウタイゲキ　危惧Ⅰ
Euphorbia liukiuensis　分布：琉球（沖永良部島以南）／　海岸の隆起サンゴ礁上に生える多年草。葉は対生し，葉身は長さ1㎝程度で全縁，先は円形で基部は左右不相称の心形。花序は茎や枝に頂生し，葉状の苞葉がある。花序の腺体は長楕円形，白色で花弁状の付属体を持つ【2016/8/19 沖永良部島】

ハマタイゲキ　*Euphorbia atoto*
分布：種子島・屋久島～琉球／　海岸の砂浜に生える多年草。茎は匍匐または斜上する。葉は対生し，葉身はやや革質でリュウキュウタイゲキよりも大きく長さ2㎝程度で全縁，先は円形で基部は左右不相称の心形。花序は茎や枝に頂生し，葉状の苞葉がある。花序の腺体は長楕円形。果実は広扁球形で3稜がある。別名スナジタイゲキ【2014/6/1 奄美市】

コニシキソウ　*Euphorbia maculata*　分布：北アメリカ・中央アメリカ原産／　海岸の砂浜から農耕地，民家周辺の路傍などに生える一年草。北海道から琉球まで広く帰化している。茎は匍匐し，茎には軟毛がある。葉は対生し，葉身は楕円形で基部は左右不相称，微鋸歯縁で表面中央に暗褐色の斑紋がある。花序には短毛があり，腺体は長楕円形，白色で花弁状の付属体がある。果実は広卵形で短毛が密生する【2016/9/17 奄美市】

トウダイグサ *Euphorbia helioscopia* 分布：本州～琉球／ 海岸や農耕地，民家周辺の路傍などに生える越年草。茎は基部でよく分岐する。葉は互生。葉身は倒卵形で細かい鈍鋸歯があり，輪生葉は同形でやや大きい。苞葉は広倒卵形で黄緑色。花序の腺体は楕円形【上：2016/2/21 与論町】

ショウジョウソウ *Euphorbia cyathophora* 分布：アメリカ原産／ 海岸林の林縁や人里周辺に生える一年草。茎葉は互生し，披針形または不規則に切れ込んでバイオリン形となる。茎の上部では葉や苞が集まってつき，花期には全部または基部だけが紅色に染まる【右：2016/10/9 知名町】

ヤマアイ *Mercurialis leiocarpa* 分布：本州（静岡県以西）～琉球／ 山地の湿った林縁に生える多年草。葉は互生し，葉身は膜質で鈍鋸歯縁，葉の表面と縁に軟毛があり，基部には１対の腺がある。花序は腋生し，少数の花をつける。花に花弁はない。染料として使われたが，リュウキュウアイのように藍色に染まらず，緑色に染まる【2016/2/22 徳之島町】

ヤクシマスミレ *Viola iwagawae* 分布：屋久島・琉球／ 高地の湿った林内や渓流の岩上に生える多年草。地上茎はなく，細い匐枝の先に新しい株をつける。花は白色で唇弁に紫色の条があり，距は太くて短い【2014/5/2 宇検村】

リュウキュウシロスミレ *Viola betonicifolia* var. *oblongosagittata* 分布：九州南部～琉球／ 明るい草地や林縁に生える多年草。地上茎はない。葉身は長三角形。花は白色で淡紫色を帯び，紫色の条がある。距は太くて短い【2015/3/7 奄美市】

リュウキュウコスミレ *Viola yedoensis* var. *pseudojaponica* 分布：九州南部～琉球／ 明るい草地に生える多年草。地上茎はない。葉身は三角状卵形で葉柄上部に翼がある。花は紫紅色で距は細長い【2015/3/14 龍郷町】

タチツボスミレ *Viola grypoceras* var. *grypoceras* 分布：北海道～琉球／ 明るい林縁に生える多年草。地上茎がある。葉身は心形。托葉はくしの歯状に切れ込む。花茎は根生または腋生し，花は淡紫色で距はやや細長い【2016/3/27 龍郷町】

アマミスミレ　渓流の岩上にはりつくように生えていた。生育条件が良ければ右下のようにマット状に生育する【2015/5/2 奄美大島】

アマミスミレ　危惧Ⅰ　*Viola amamiana*　分布：奄美大島・沖縄島／　渓流の岩上に生える多年草。地上茎はなく，細い匐枝を伸ばし，その先に新しい株をつける。葉身は質やや厚くて光沢があり，卵形で鈍頭，基部は切形～心形，縁には１～２個の鈍鋸歯があるかまたは全縁。葉の縁と葉柄，花茎と萼片は有毛。花は乳白色で紅紫色の条があり，基部付近は帯黄緑色で距は短い【上：2016/5/1 奄美大島，右：2016/8/11 奄美大島】

草本類

アマミカタバミ　危惧Ⅰ　*Oxalis exilis*　分布：奄美大島／　渓流の岩上に生える小型の多年草。地上茎は細くて紅色を帯び，岩上をはうように伸びる。葉は互生し，3小葉をつける。花は黄色で径5㎜程度。日本では奄美大島のみに分布するが，オーストラリアとニュージーランドにも分布するという。カタバミ科【2014/5/25 奄美大島】

ネバリミソハギ　*Cuphea carthagenensis*　分布：熱帯アメリカ原産／　琉球に帰化している一年草。写真の個体は粘土質の地面がむき出しになった荒れた林道に生えていた。茎や萼筒には剛毛状の腺毛や粘毛があり，触ると粘りつく。葉は対生し，表面と縁には剛毛がまばらにある。花序は腋生または頂生し，紫色の花をつける。ミソハギ科【右上：2016/6/5 奄美市】

アマミカタバミの生育する渓流　水面に近い苔むした岩上にはアマミカタバミやヒメミヤマコナスビ，コケタンポポ，ヒメタムラソウなどの小型の植物が生育している。紅色の花はケラマツツジ【2014/5/3 奄美大島】

オトギリソウ ***Hypericum erectum*** var. ***erectum*** 分布：北海道〜琉球／山地の林縁や原野に生える多年草。茎は円柱状であまり分枝しない。葉は対生し，無柄。葉身や萼片，花弁には黒点がある。苞は葉と同形。雄しべは多数あり，花糸は基部で合着して３つの束に分かれる【左（全体と花拡大）：2015/8/2 大和村】

ツキヌキオトギリ ***Hypericum sampsonii*** 分布：四国（高知県）・九州〜琉球（奄美大島）／ 山地の林縁に生える多年草。茎は円柱状で上部で分枝する。葉は対生し，対生する葉は基部で合着するので茎が葉を貫いたように見える。葉身や萼片，花弁の辺縁には少数の黒点があるかまたはない【上：2016/5/29 奄美市】

ヒメオトギリ ***Hypericum japonicum*** 分布：北海道〜琉球／ 山地の湿った林縁や原野の湿地，休耕田などに生える一年草。茎は４稜があり，上方で分枝する。葉は対生し，内側には透明な点があるが，黒点はない。苞は葉よりも細い。よく似たコケオトギリも茎は４稜で黒点はないが，全体的に繊細でよく分枝し，苞は葉と同形である【左：2015/8/23 大和村】

草本類

ヤンバルゴマ ***Helicteres angustifolia*** 分布：琉球／ 乾燥した草地に生える常緑亜低木。葉は互生し，葉身は全縁で裏面は葉柄や枝，花序とともに白い星状毛を密布する。花は淡紫色で５枚の花弁をもつ。果実は楕円状卵形【2015/5/31 奄美市】

リュウキュウトロロアオイ ***Hibiscus abelmoschus*** 分布：トカラ列島～琉球／ やぶ地に生える一年生草本で，全体的に粗毛が生える。葉は互生し，葉身は様々な形に分裂して長い葉柄を持つ。果実は長楕円状円形【2016/11/20 奄美市】

ボンテンカ ***Urena lobata*** subsp. ***sinuata*** 分布：四国・九州中南部～琉球／ 山地の林縁に生える低木性の多年草。葉身は深く３～５裂し，裂片の幅は狭く，表面に暗緑色の雲紋があって両面ともざらつく【2000/10/9 県本土（佐多岬）】

オオバボンテンカ ***Urena lobata*** subsp. ***lobata*** 分布：九州南部～琉球／ 山地の林縁に生える低木性の多年草。葉は互生。葉身は広卵形で３～５浅裂し，基部は心形で葉の両面には葉柄とともに星状毛がある。花は腋生し，花弁は淡紅色。果実は扁球形でかぎ状毛があり，他物に付着して散布される【右上：2015/9/27 龍郷町】

キンゴジカ ***Sida rhombifolia*** subsp. ***rhombifolia*** 分布：九州〜琉球／ 林縁に生える亜低木状の多年草で茎は直立し，膝上ぐらいの高さになる。葉は互生し，葉身は長楕円形または菱形状倒卵形で中央部以上で最も幅広くなって粗い鋸歯があり，裏面は灰白色の星状毛が密生する。花は淡黄色。アオイ科【左：2015/8/23 宇検村】

ハイキンゴジカ ***Sida rhombifolia*** subsp. ***insularis*** 分布：種子島・屋久島〜琉球／ 林縁や草地に生える亜低木状の多年草で茎の基部がはって広がる。葉は互生し，葉身は菱状卵形で粗鋸歯縁，中央部より下部で最も幅広くなり，表面には星状毛が散生し，裏面は灰白色で星状毛が密生する。花は濃黄色。アオイ科【上：2016/8/19 知名町】

キイレツチトリモチ ***Balanophora tobiracola*** 分布：四国（高知県）・九州〜琉球／ シャリンバイやトベラなどの根に寄生する雌雄同株の寄生植物。花茎の先に肉穂状花序をつけ，雄花は茶褐色に変色する。全体乳黄白色を呈するが，写真の個体は花期を過ぎていた。ツチトリモチ科【2015/1/17 奄美市】

ヤクシマツチトリモチ ***Balanophora yakushimensis*** 分布：鹿児島県（大隅半島）・屋久島・種子島・奄美大島／ イスノキやクロバイなどの根に寄生する雌雄別株の寄生植物で，雄株は発見されていない。塊茎には皮目がある。花茎は短く，花序は鮮紅色で球形〜卵状短楕円形，本州から九州に分布するツチトリモチよりも全体的にずんぐりした感じを受ける。これまでユワンツチトリモチとされていたものは，オオスミツチトリモチとともにヤクシマツチトリモチと同種とされた。ツチトリモチ科【2014/12/6 大和村】

草本類

ハマダイコン *Raphanus sativus* f. *raphanistroides* 分布：北海道～琉球／ 海岸の砂地に生える越年草。根は円柱形であるが，ダイコンのように大きくならない。葉は頭大羽状に分裂し，茎とともに粗い毛がある。花は淡紅紫色。果実は数珠状にくびれ，裂開せずに海水によって散布される。アブラナ科【2015/3/7 奄美市】

ヒメマツバボタン *Portulaca pilosa* 分布：熱帯アメリカ原産／本州から琉球に帰化している多肉質の一年草。道端や畑地，海岸の岩場などに生える。スベリヒユ科【下右：2014/9/15 龍郷町】

アマミマツバボタン 危惧Ⅰ *Portulaca okinawensis* var. *amamiensis* 分布：奄美群島に固有／ 海岸の岩場に生える多肉質の多年草。茎は円柱形で基部から束生し，外見的にはひとつの塊のように茎葉が密生する。葉は互生し，狭楕円形。花は枝先に1個つき，淡黄色で花弁は重なり合い，雄しべは12～15個ある。沖縄諸島に分布する基準変種のオキナワマツバボタンは花が濃黄色で花弁の間に隙間があり，雄しべが20～35個と多い。スベリヒユ科【上左：2016/6/19 奄美大島】

コモウセンゴケ *Drosera spatulata* 分布：本州～琉球／ 山地の日当たりのよい適度に湿った裸出土壌に生える多年生の食虫植物。小昆虫を消化して養分を摂取するため，他の植物が生えないような貧栄養地でも生育できる。根出葉はへら状で葉柄は不明瞭，紅色の腺毛が密生する。花は紅紫色～淡紅色または白色。北海道から九州に分布するモウセンゴケは葉柄が明瞭で花は白色。モウセンゴケ科【右端：2016/11/5 奄美市，右（白花）：2015/5/10 奄美市】

ナツノウナギツカミ　*Persicaria dichotoma*　分布：種子島・トカラ列島～琉球／　湿地やその周辺に生える一年草。茎は匍匐して立ち上がり，稜があって無毛または下向きの刺毛がある。葉身は両面無毛，基部はくさび形または切形で縁はざらつく。托葉鞘の上縁は斜めに切れて縁毛はない。花は白色または淡紅白色。別名はリュウキュウヤノネグサ。よく似たホソバノウナギツカミは葉の基部が耳状に張り出し，花は淡紅色【上：2016/11/12 知名町】

イタドリ　*Fallopia japonica* var. *japonica*　分布：北海道～琉球（奄美群島）／　日当たりのよい林縁や川岸に生える雌雄別株の多年草。奄美群島では高さ2m以上に達する大株も見かける。葉は互生。花序は腋生し，白色の花を多数つける。若い茎は赤みを帯びて食用となる【上：2016/9/24 大和村】

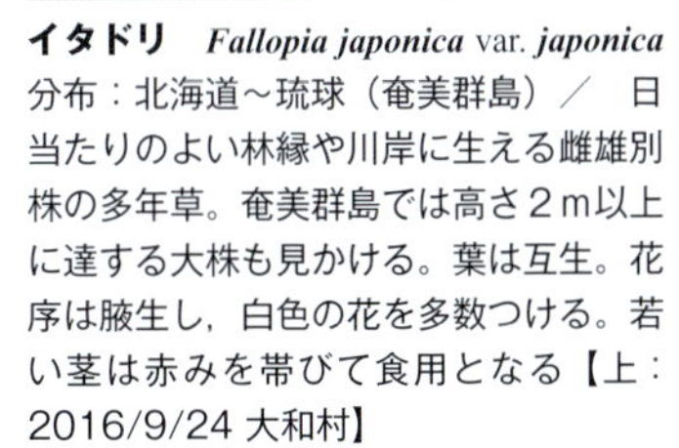

ツルソバ　*Persicaria chinensis*　分布：本州（房総半島以西）～琉球／　林縁や人里周辺のやぶ地に生える多年草で茎はややつる状に伸びる。花は白色で頭状に集まってつく。果実は肥大し，青黒く多汁となった萼に包まれる【右:2016/12/3 奄美市，（果実）：2016/12/4 大和村】

ケタデ　*Persicaria barbata* var. *barbata*　分布：琉球（奄美大島以南）／　マングローブの後背地や内陸部の湿地に群生する多年草。茎は丈夫でよく分枝して斜上する。托葉鞘には剛毛があり，縁には著しく長い縁毛がある。花序には白い花が密生し，花被片に腺点はない【2016/11/12 知名町】

オオサクラタデ *Persicaria glabra* 分布：琉球（奄美大島以南）／ マングローブの後背地や川岸などの湿地に生える大型の一年草で高さは1m程度に達する。全体無毛で托葉鞘に縁毛はない。花は淡紅色で密生する【2016/10/30 奄美市】

シロバナサクラタデ *Persicaria japonica* var. *japonica* 分布：北海道～琉球／ 湿地に群生する多年草。托葉鞘には伏毛と縁毛がある。複数の花序がつき，花は白色で花被に腺点があるかまたはない【2016/11/12 知名町】

ヤナギタデ *Persicaria hydropiper* 分布：日本全土／ 湿地に生える一年草で，葉をかむと辛味を感じるタデ類は本種のみ。茎は無毛。花序は細長くて先が垂れ，花被片は黄緑色で先だけ淡紅色を帯び，腺点がある【2016/11/19 奄美市】

ボントクタデ *Persicaria pubescens* 分布：本州～琉球／ 湿地に生える一年草。茎は有毛で托葉鞘の縁毛は長い。葉には八の字状の淡黒色の斑がある。花序は細長く，先が垂れて花はまばらにつき，花被片は淡紅色で腺点がある【2016/10/29 奄美市】

ヒメハマナデシコ ***Dianthus kiusianus*** 分布：本州（和歌山県）・四国（愛媛県）・九州〜琉球／ 海岸の岩礫地や崖地に生える多年草。茎は根ぎわから分枝し，横にはって斜上する。根出葉はロゼット状，茎葉は対生してしだいに小さくなる。葉身は質厚く，全縁で光沢がある。花序は頂生し，淡紅紫色の花を次々に咲かせる。ナデシコ科【2014/6/21 大和村】

シロミルスベリヒユ ***Sesuvium portulacastrum*** var. ***griseum*** 分布：トカラ列島〜琉球／ 海岸の海水がかかるような砂礫地や砂泥地，隆起サンゴ礁上に生える肉質の多年草。茎は匍匐しながら分枝して広がり，節から下根する。葉は対生し，葉身は多肉質で長楕円状線形。花は腋生し，萼裂片は白色で花弁はない。基準変種であるミルスベリヒユの萼裂片は淡紅色。ハマミズナ科【2015/8/13 喜界町】

ツルナ ***Tetragonia tetragonoides*** 分布：北海道西南部〜琉球／ 海岸砂地の有機物が堆積するような富栄養化した場所を好む多年草。茎や葉は肉質で表面には粒状の突起があり，全体的に白い粉を塗したように見える。葉は互生。花は腋生し，花弁はなく，内面が黄色の萼裂片が花弁状にそり返る。和名は蔓菜で，茎がつる状で葉が食用になることによる。ハマミズナ科【2016/7/10 奄美市】

ハママツナ *Suaeda maritima* subsp. *asiatica* 分布：本州～琉球／ 海岸の砂地や塩沼地に生える一年草または多年草。葉は密につき，多肉質で細長い。花は腋生し，花のつく茎の葉は著しく小さくなる。秋になると葉と茎は緑色から赤色に色づく【2016/4/30 徳之島町】

イソフサギ *Blutaparon wrightii* 分布：九州南部～琉球／ 海岸の潮をかぶるような岩場にはりつくように生える肉質の多年草。茎は密に分枝してはい，マット状となる。葉は対生し，葉身は小さくて長さ1㎝に満たない。花序は頂生または腋生し，淡紅色の花を団塊状につける。花被は花が終わっても果実を包み込んで残る。和名は磯を塞ぐように生える様子に由来する【上：2016/12/17 天城町】

ツルノゲイトウ *Alternanthera sessilis* 分布：南米原産／ 関東から琉球の暖地に帰化している一年草。休耕田などの湿地に生える。葉は対生し，倒披針形で全縁。花序は腋生し，ほぼ球形で柄はない。同属のホソバツルノゲイトウの葉は線状披針形で幅が5㎜程度と狭く，ナガエツルノゲイトウの花序には長い柄がある【下：2016/11/12 知名町】

モンパイノコヅチ ***Achyranthes bidentata*** var. ***bidentata***
分布：琉球（奄美大島以南）／　石灰岩地のうす暗い林縁に生える多年草。茎や葉には密に毛があって葉の裏面はやや銀白色を呈する。葉にはビロード状の触感がある【右：2016/10/9 知名町】

イノコヅチ ***Achyranthes bidentata*** var. ***japonica***　分布：北海道（南部）～琉球／　山地のうす暗い林縁に生える多年草。葉は対生し，葉身は質薄く，表面はまばらに毛があり，光沢はない。花序は頂生し，緑色の小さな花をややまばらにつける。果期になると果実は下向きになって軸に圧着し，針状の小苞で動物の体や衣服に付着して散布される。別名ヒカゲイノコヅチ【左：2015/9/27 龍郷町】

ハチジョウイノコヅチ ***Achyranthes bidentata*** var. ***hachijoensis***　分布：本州南部～琉球／　沿岸部の林縁に生える多年草。イノコヅチに比べ，葉は質やや厚く，表面はほぼ無毛で光沢がある【2016/11/19 奄美市】

アマミクサアジサイ　残暑の厳しい中，渓流の涼しげな岩場でかわいらしい花を咲かせていた【2015/8/29 奄美大島】

アマミクサアジサイ　危惧Ⅰ　***Cardiandra amamiohsimensis***　分布：琉球（奄美大島固有）／　山地渓流の水しぶきがかかるような岩場に垂れ下がるように生える多年草。葉は互生し，尾状鋭尖頭で基部はくさび状鋭形，縁には鋭鋸歯がある。花序は頂生し，淡紅色の小さな花を多数つける。7月下旬から8月中旬頃が最盛期。本土に分布するクサアジサイには装飾花があるが，本種には装飾花がない【上：2016/7/31 奄美大島，左：2015/8/29 奄美大島】

ホザキザクラ *Stimpsonia chamaedryoides*
分布：種子島・屋久島～琉球／　低地の林縁や草地に生える一年草で全体に長腺毛がある。根出葉は有柄。茎葉は互生し，葉身は卵形で歯牙縁，葉柄はない。花は白色で花冠は5裂する【2016/4/16 奄美市】

モロコシソウ *Lysimachia sikokiana*　分布：本州（関東地方南部以西）～琉球／　やや湿った林縁に生える多年草。葉は互生し，葉身は膜質で全縁，表面にやや光沢がある。花序は腋生し，花は黄色で葉に隠れるように下向きに咲く。果実は球形で灰白色に熟す【2016/5/29 奄美市，(果実)：2013/10/14 県本土（大隅半島)】

ルリハコベ *Anagallis arvensis* f. *coerulea*
分布：伊豆七島・本州（紀伊半島）・四国～琉球／　海岸付近の草地やあぜ地に生える一年草で茎には4稜がある。葉は対生または輪生し，無柄。葉身の裏面には黒点がある。花は葉腋に単生し，花冠はるり色で5深裂する【2015/3/7 奄美市】

ヒメミヤマコナスビ　危惧Ⅰ　*Lysimachia liukiuensis*
分布：琉球（奄美大島固有）／　山地渓流の苔むした岩上に生える多年草。茎は節から根を出して岩上にはりつくように匍匐する。葉は対生し，表面には粗毛があり，裏面は無毛，葉身は小さく，長さ幅ともに1㎝に満たない。花は腋生し，花冠は黄色で葉よりも大きい【2014/5/25 奄美大島】

コナスビ ***Lysimachia japonica*** var. ***japonica*** 分布：北海道～琉球／ 低地の草地から山地の林縁まで広く生育している多年草。茎は地表に伏し，まばらに軟毛がある。葉は対生し，葉身は両面に多少毛があり，裏面にはやや透明な腺点がある。花は腋生し，花冠は黄色で葉よりも小さい【2016/5/8 宇検村】

シマギンレイカ ***Lysimachia decurrens*** 分布：種子島・屋久島～琉球／ 山地の湿った林縁に生える多年草。茎は有稜。葉は互生し，葉身は膜質で両面無毛，全縁で基部は漸次狭くなって葉柄となる。花は淡紫白色で半開し，雄しべは花冠からつき出る【2016/5/4 奄美市】

ハマボッス ***Lysimachia mauritiana*** var. ***mauritiana*** 分布：北海道西南部～琉球／ 海岸の岩場や草地に生える越年草。茎は基部で分枝して株立ち状になる。葉は互生し，葉身は質厚くて表面は光沢があり，両面には黒色の腺点が密布する。花は白色【2015/5/4 大和村】

リュウキュウコザクラ ***Androsace umbellata*** 分布：本州（中国地方）～琉球／ 草地に生える一年草で全体に短軟毛がある。根出葉は歯牙縁で葉腋から細長い花柄を出して白い花をつける【2015/3/7 奄美市】

アマミイワウチワ　危惧Ⅰ
Shortia rotundifolia f. *amamiana*　分布：琉球（奄美大島固有）／　高地の湿った岩場に生える多年草。根茎を伸ばし，その先に新たな個体をつけるので比較的まとまった集団を形成する。葉は地際から束生し，葉身はかたくて光沢があり，縁には鋭い鋸歯がある。花は白色で下向きに咲く。6月下旬頃から咲き始める。イワウメ科【2014/7/13 奄美大島】

ヤッコソウ　*Mitrastemon yamamotoi*　分布：四国南部・九州南部～琉球／　シイの根に寄生する多年生の寄生植物。花茎は10月中旬頃から地表にあらわれ，全体的に乳白色でやや赤みを帯びるが，傷ついたり古くなったりすると褐色になる。葉は鱗片状で十字対生。花は両性花で雄花期が終了すると雄しべの筒がとれ，白っぽくてまるみのある柱頭があらわれて雌花期となる。横に開出した鱗片葉のくぼみには蜜がたまるため，昆虫や小鳥が蜜を吸いに訪れる。ヤッコソウ科【下：2014/12/7 龍郷町】

ギンリョウソウ　*Monotropastrum humile*　分布：北海道～琉球／山地のやや湿った腐植質の豊富な林床に生える全体白色の多年生腐生植物。茎は根元から数本が直立して分枝せず，鱗片葉が互生する。花は頂生してやや下向きに咲き，雌しべの柱頭は青紫色を帯びる。果実も白色で下向きのまま熟す。ツツジ科【上：2014/4/12 宇検村】

ソナレムグラ ***Leptopetalum strigulosum*** var. ***strigulosum***
分布：本州（関東以南）～琉球／　海岸の岩場や隆起サンゴ礁上に生える全体無毛の多年草。葉は対生し，葉身は多肉質で表面に光沢があって全縁。花は白色。果実は倒卵形で先に4個の萼片が残る【2014/7/12 瀬戸内町】

チャボイナモリ ***Ophiorrhiza pumila***　分布：屋久島・琉球（奄美大島以南）／　やや湿った林床に生える多年草。葉は対生。花序は頂生し，白色の花を数個つける。アマミイナモリに似るが，葉の表面は短毛が目立ち，花冠裂片は短くてあまり開かず，花序に線形の苞がないことで区別できる【上：2016/5/8 宇検村】

アマミイナモリ ***Ophiorrhiza amamiana***　分布：琉球（奄美群島・沖縄島固有）／　やや湿った林床に生える多年草。葉は対生。花序は頂生し，線形の苞がある。花冠は白色で漏斗状，先はふつう5裂し，花冠外面には毛が密生する【上：2016/3/5 奄美市】

ナガバイナモリ ***Ophiorrhiza japonica*** var. ***tashiroi***　分布：琉球（徳之島以南）／　渓流や石灰岩地の沢沿いに生える多年草。サツマイナモリの変種で茎はよく発達し，葉身は細長くて長さ10㎝以上になる。花冠は白色で外面は無毛【上左：2017/1/14 伊仙町】

ヘツカリンドウ *Swertia tashiroi* 分布：大隅半島南部～琉球／ 山地の林縁に生える多年草。葉は十字対生し，基部の根出葉は大きいが，茎葉は小さくなる。葉身は質厚く，全縁。花冠は淡緑白色で４～５深裂し，裂片中央部には楕円形で黄緑色の蜜腺溝がある。海岸近くに生える個体はより質厚く大型になり，シマヘツカリンドウとして区別することもある【左：2016/12/4 大和村】

リュウキュウコケリンドウ 危 惧 Ⅰ *Gentiana satsunanensis* 分布：屋久島～沖永良部島／ 隆起サンゴ礁上の草地に生える高さ５㎝程度の小さな越年草。茎と花柄には乳状突起が密生する。葉は対生し，無柄。葉身は卵形で無毛，先は針状に尖る。花序は頂生し，花冠は淡青色。撮影日には花期がほぼ終わりかけていた【2016/4/14 沖永良部島】

リンドウ *Gentiana scabra* var. *buergeri* 分布：本州～琉球（奄美群島）／ 明るい草地に生える多年草。葉は対生。花冠は青色で先は５裂し，裂片の間には小さな副片がある。奄美群島のリンドウはアマミリンドウとして絶滅危惧Ⅰ類に指定されている【2016/10/30 奄美大島】

シマセンブリ *Schenkia japonica* 分布：屋久島～琉球／ 海岸の草地に生える一年草。茎はふつう二叉分岐し，４稜がある。葉は対生。葉身には３脈があり，全縁で無柄。花は茎の上部に腋生し，桃色～紅色で花冠筒部は細長く，先は５裂して平開する【2016/5/7 奄美市】

メジロホオズキ ***Lycianthes biflora*** 分布：本州南部～琉球／ 低地から山地の林縁に生える多年草。茎と葉の両面に軟毛がやや密生する。葉は互生し，葉身は卵形で全縁。花は葉腋に２～３個つき，花冠は白色。果実は球形で赤熟し，10個の萼片が目立つ【2015/7/18 瀬戸内町】

ヒメセンナリホオズキ ***Physalis pubescens*** 分布：熱帯アメリカ原産／ 海岸や人里で見かける一年草。全体に軟毛があり，葉身は全縁または粗鋸歯縁。花冠は黄白色で内面基部に濃紫色の斑があり，果実は袋状の萼で包まれる。よく似たヒロハフウリンホオズキは全体ほぼ無毛【2016/8/19 知名町】

テリミノイヌホオズキ ***Solanum americanum*** 分布：北アメリカ原産／ 海岸から人里，山麓に生える一年草。全体に毛が少なく，枝がよく分枝して横に広がる。葉は互生し，葉身は質薄く，全縁または基部に波状の鋸歯がある。花序は腋生し，花冠は白色で５深裂し，裂片の幅は狭い。果実は果軸の先端に集まってつき，球形で黒紫色に熟し，強い光沢がある【左：2016/10/9 知名町】

マルバハダカホオズキ ***Tubocapsicum anomalum*** var. ***obtusum*** 分布：九州南部～琉球／ やや湿った林内や林縁に生える多年草。全体無毛でよく分枝し，平面的に枝を伸ばす。葉は互生し，葉身は卵形で全縁，先は尖らない。花序は腋生し，やや下向きに淡黄色の花をつける。果実は球形で赤く熟して目立つが，萼は肥大して果実の基部にあるだけで，メジロホオズキやセンナリホオズキのように目立たない。基準変種のハダカホオズキは葉身が長楕円形で葉先が尖る【2015/11/21 奄美市】

ヤマビワソウ ***Rhynchotechum discolor*** var. ***discolor*** 分布：琉球／ 山地の谷沿いに生える草状の小低木。葉は互生して枝先にやや集まってつく。葉身はやわらかく，鈍鋸歯縁で裏面には黄褐色の長軟毛が密生する。花序は腋生し，花冠は白色。果実は球形で白熟する。タマザキヤマビワソウ var. *austrokiushiuense* は大隅半島南部～琉球に分布し，小花柄がほとんどなく，花が多数密生する。イワタバコ科【2017/2/12 奄美市，（花）：2016/12/10 宇検村】

カミガモソウ 危惧Ⅰ *Gratiola fluviatilis* 分布：本州～九州·奄美大島／ 湿地に生える一年草で，きわめて局所的に日本各地に点在している。奄美大島では林内に生じたわずかなぬかるみに生えていた。葉は対生し，粗い鋸歯があり，短毛があってざらつく。花は茎の上部に腋生し，開放花と閉鎖花がある。花冠は白色。果実は球形で緑熟する。奄美大島での開花最盛期は7月上旬頃。オオバコ科【2016/7/16 奄美大島】

リュウキュウスズカケ 危惧Ⅰ ***Veronicastrum liukiuense*** 分布：琉球（奄美大島・沖縄島固有）／ 林縁に生える多年草。茎は長く伸び，湾曲しながら垂れ下がる。葉は互生し，葉身は紙質で鋸歯縁，鋭尖頭で基部は漸次葉柄に移行する。円筒状の花序は腋生し，花冠は白色で淡紅色を帯び，雄しべは花冠から長く突き出る。果実は卵形。オオバコ科【2015/10/3 奄美大島】

ハマトラノオ ***Veronica sieboldiana*** 分布：九州西南部～琉球／ 海岸の崖地に生える多年草。根茎は短く地中を伸び，ややかたまって生える。葉は対生し，葉身はやや肉質で表面は無毛で光沢があり，縁にはまばらに不明瞭な鋸歯がある。円錐状の花序は頂生し，青紫色の花を多数つける。果実は球形。オオバコ科【2014/9/15 龍郷町】

ウリクサ *Torenia crustacea* 分布：本州～琉球／ 湿った草地に生える一年草。茎は四角形で地上をはうように分枝する。葉は対生し，葉身は三角状卵形で鈍鋸歯縁。花冠は淡青紫色。萼は筒状で５稜があり，先は浅く５裂する。果実は長楕円形【2016/9/22 奄美市】

ツルウリクサ 危惧Ⅰ *Torenia concolor* 分布：琉球／ 林縁や林道脇の湿った草地に生える匍匐性の多年草。茎は四角形でつる状に伸びる。葉は対生し，葉身は三角状卵形でやや鋭頭，低鋸歯縁。花は腋生し，花柄は長く，花冠は濃青紫色で２唇形，下唇は３裂する。萼は筒状で５稜があり，先は２裂する。果実は狭長楕円形【2014/9/20 奄美大島】

クチバシグサ *Bonnaya ruelloides* 分布：琉球（徳之島以南）／ 湿った草地に生える多年草。茎は四角形で匍匐する。葉は対生で短柄があり，葉身は卵状楕円形で鋭鋸歯縁。花冠は２唇形で淡青紫色。萼は５裂し，裂片は線状披針形【2016/8/13 龍郷町】

シソバウリクサ 危惧Ⅰ *Vandellia setulosa* 分布：本州（紀伊半島）～琉球（奄美大島･徳之島）／ 山地のやや湿った林内に生える弱々しい一年草。茎は基部で分枝し，散開して立ち上がる。花冠は２唇形で白色【2014/7/5 奄美大島】

ヒメキランソウ *Ajuga pygmaea* 分布：九州西部・トカラ列島～琉球／ 海岸近くの草地に生える多年草。茎は地上をはって節から下根し，ロゼット状に葉を出して増える。葉はやや多肉質で光沢があり，長白毛が散生して波状鋸歯が数個出る。花は葉腋し，花冠は唇形で青紫色，上唇は２裂し，下唇は３裂する【2016/4/9 奄美市】

オニキランソウ *Ajuga dictyocarpa* 分布：琉球（奄美群島）／ 山地の湿った林縁や林内，渓流沿いの湿地に生える多年草。茎は地上付近で多数分枝して倒伏し，節から下根して立ち上がる。葉は対生し，波状重鋸歯縁で長白毛が散生する。花序は穂状となり，葉状の苞や萼には長白毛が密生する。花冠は唇形で淡紅白色【2015/3/8 奄美市】

コニガクサ *Teucrium viscidum* var. *viscidum* 分布：九州南部～琉球／ 山地の湿った林縁や渓流沿いの湿地に生える多年草。茎は有毛。葉は対生し，鈍鋸歯縁で両面とも微毛が散生し，表面は葉脈が凹んでしわ状に見える。花序は細長い円錐状。萼は開出腺毛が密生し，先は５裂する。花冠は唇形で淡紅色，上唇は小さく小突起状となり，雄しべは花冠から突き出る。本土に分布するツルニガクサは葉がやや薄く，花序が短い【2016/7/31 奄美市】

ヒメキセワタ *Matsumurella tuberifera* 分布：九州中南部・琉球／ 山地の林縁に生える多年草。地下には塊茎があり，全体的にやや軟弱で柔毛がある。葉は対生し，葉身は菱形状広卵形で基部はやや切形，鈍鋸歯が数個あり，葉柄は長い。花は腋生し，花冠は唇形で淡紅白色，萼とともに有毛で下唇には紅色の斑がある【2016/3/13 奄美市】

ヤンバルツルハッカ ***Leucas mollissima*** subsp. ***chinensis*** 分布：トカラ列島～琉球／ 海岸から沿岸部にかけての岩場や草地に生える多年草。茎は匍匐し，葉とともに白色の柔毛が密生する。葉は対生し，葉身はやや厚く，鈍鋸歯縁。花は腋生し，花冠は唇形，白色で下唇は3裂する。萼は筒状で先に10個の萼歯がある【2014/5/1 瀬戸内町】

レモンエゴマ ***Perilla citriodora*** 分布：本州～琉球／ 山地の林縁や林道脇に生える一年草でレモンに似た香りがある。茎は軟毛を密生し，腰ぐらいの高さになる。葉は対生し，葉柄は長い。葉身は質薄く，鋸歯縁で裏面には腺点がある。穂状の花序は頂生し，花冠は唇形で淡紅色，萼には毛が多い【2016/10/29 奄美市】

アカボシタツナミソウ ***Scutellaria rubropunctata*** var. ***rubropunctata*** 分布：種子島・屋久島～琉球／ 山地の林縁や草地に生える多年草。茎は基部がやや倒伏して立ち上がり，下向きの白毛が密生する。葉は対生し，葉身は鈍鋸歯縁で両面有毛，裏面に赤褐色の腺点が密生する。穂状の花序は頂生し，花冠は基部で膝曲して立ち上がり，唇形で淡青紫色【左：2015/3/8 奄美市】

コナミキ ***Scutellaria guilielmii*** 分布：本州（千葉県以西）～琉球／ 海岸近くの草地に生える多年草。茎は直立し，まばらに開出毛がある。葉は対生し，鈍鋸歯縁で両面有毛，下部の葉は円形で長い葉柄があるが，上部の葉は卵形でほぼ無柄となる。花は腋生し，唇形でほぼ白色【右：2016/4/9 奄美市】

ヒメジソ ***Mosla dianthera*** 分布：北海道～琉球／山地の林縁に生える一年草。茎は直立し，節に白毛があって膝ぐらいの高さになる。葉は対生し，葉身は卵形～広卵形で粗鋸歯縁，表面は無毛，裏面は多少毛がある。花は腋生し，白色で帯淡紅色。萼の上側３歯の先は鈍頭。シソ科の草本は茎が四角形になるものが多い。シソ科【2016/9/24 大和村】

ヒメタムラソウ ***Salvia pygmaea*** var. ***pygmaea*** 分布：琉球／ 渓流の苔むした岩上や高地の林内に生える小型の多年草。葉はすべて根生し，１～２回羽状複葉。茎は花茎状で上部に花序がつき，花冠は唇形で白色。奄美大島と徳之島の山地に生育するアマミタムラソウ var. *simplicior* の葉身はヒメタムラソウのように細裂しない。シソ科【2016/5/1 奄美市】

ヒメサギゴケ 危惧Ⅰ ***Mazus goodenifolius*** 分布：屋久島・琉球／ 渓流の岩上や地上に生える小型の越年草。葉は対生するが多くは根生し，倒卵状長楕円形で大きく切れ込み，茎とともに粗い毛がある。花茎状の茎は直立または倒伏し，花冠は唇形で下唇は大きく張り出して３裂し，中央部は隆起して黄色の斑紋がある。萼は杯形で深く５裂する。サギゴケ科【2014/5/3 奄美大島】

ヒロハサギゴケ *Strobilanthes reptans*
分布：琉球（宮古島）／　海岸の砂地や岩場に生える多年草。茎は地上をはい，節から下根して広がる。葉は対生し，葉身は卵状円形で波状歯牙縁，長毛がある。花冠は白色で同属の他種と異なり，筒部はねじれない。日本での自生地は宮古島のみ。別名ミヤコジマソウ【2015/7/11 龍郷町】

キツネノマゴ *Justicia procumbens* var. *procumbens*
分布：本州～琉球／　林縁や路傍に生える一年草。茎は有稜で多少有毛。葉は対生し，葉身は質薄く，長楕円形でやや鋭頭，鋭脚で両面と縁に粗毛がある。穂状の花序は頂生または腋生し，萼や小苞には白色の長毛が密生する。花冠は唇形，広楕円形で淡紅紫色の下唇が目立つ。琉球から台湾の海岸に分布するキツネノメマゴ *J. hayatae* は全体的に小型でやや平伏し，葉はやや革質で卵形，円頭で表面には光沢がある【左：2016/9/24 宇検村】

ヤンバルハグロソウ *Dicliptera chinensis*　分布：琉球／　山地の林縁に生える一年草で茎は有稜。葉は対生し，葉身は膜質で急鋭尖頭，両面脈上と縁に短毛がある。花序は腋生し，縁に毛のある葉状の苞に包まれる。花冠は唇形で淡紅紫色，上唇の先は浅く３裂する【2016/11/19 奄美市】

キツネノヒマゴ *Justicia procumbens* var. *riukiuensis*
分布：九州南部～琉球／　海岸近くの草地に生える一年草。葉身は卵状楕円形で鈍頭，基部は鈍形またはやや円形。基本変種であるキツネノマゴに比べ，葉はやや厚くて小さく，萼や小苞には白色の長毛がない【2015/8/20 和泊町】

リュウキュウアイ ***Strobilanthes cusia*** 分布：九州南部～琉球／ 山地の林内に生える多年草で茎は木化して低木状となる。葉は対生し，葉身は全縁または疎らに低鋸歯がある。花は頂生または腋生し，葉状の苞がある。花冠は漏斗状で筒部がねじれ，淡紫色を呈する。萼は深く5裂し，裂片は狭披針形。藍色の染料として栽培されていた【2017/1/9 瀬戸内町】

オキナワスズムシソウ 危惧Ⅰ ***Strobilanthes tashiroi*** 分布：琉球／山地の林内に生える多年草。茎は有稜で茎の下部は倒伏し，節から下根して群生する。葉は対生し，葉身は低鋸歯縁で急鋭尖頭，表面は無毛で裏面には毛がやや密生する。花序は頂生または腋生し，葉状の苞がある。花冠は漏斗状で筒部がねじれ，白色で淡紫色を帯びる。萼は深く5裂し，裂片は線形【2015/2/7 沖永良部島】

アリモリソウ ***Codonacanthus pauciflorus*** 分布：九州南部～琉球／ 山地の林内に生える多年草。茎は有稜で下部が倒伏して斜上する。葉は対生し，葉身は長楕円形で全縁，両面は無毛で裏面はやや灰白色を帯びる。花序は頂生し，まばらに花をつける。花冠は広鐘形で白色【2016/12/17 伊仙町】

ナンバンギセル *Aeginetia indica* 分布：北海道～琉球／ イネ科に寄生する一年草で，奄美大島ではハチジョウススキによく寄生している。茎はほとんど地上に出ず，茎のように見える花柄の先に太い筒状の花を横向きにつける。萼は鞘状で先は尖り，淡紅紫色の条がある。花冠は淡紅紫色で先は浅く５裂し，裂片の縁は全縁。ハマウツボ科【2015/8/15 大和村】

ヤナギバルイラソウ *Ruellia tweediana* 分布：メキシコ原産／ 観賞用に導入されたが，人家周辺の舗装のすき間などの乾燥する場所から水の流れる河川などの湿地まで，幅広い環境下で雑草化している多年生草本。繁殖力が強く，地下茎を伸ばしたり，果実が熟して弾ける際に種子を飛ばすなどして繁茂する。葉は対生。花は１日でしぼむが，淡青紫色の花を次々と開花させる。キツネノマゴ科【2019/6/11西之表市】

アイナエ *Mitrasacme pygmaea* 分布：本州～琉球／ 日当たりのよい湿った草地や路傍に生える小さな一年草。葉は対生し，茎の下部に数対つく。葉身は卵形または長楕円形で３行脈があり，全縁。花は花茎の先に数個つき，花冠は鐘形で先は４裂する。萼も４裂し，裂片の先は尖る。マチン科【右：2016/11/5 奄美市】

タイワンソクズ *Sambucus chinensis* var. *formosana* 分布：九州南部～琉球／ 集落周辺のやぶ地に群生する大型の多年草で茎の基部は木質化する。葉は互生。葉身は奇数羽状複葉で５～７小葉があり，小葉には鋸歯がある。花序は頂生し，白い小さな花を多数つける。花序のところどころに黄色い筒状の腺体がある。果実は球形で赤熟する。ガマズミ科【上右：2016/9/25 喜界町】

ハマウド *Angelica japonica* var. *japonica*
分布：本州（関東地方以西）～琉球／　海岸近くに生える大型の多年草。茎は太く，暗紫色を帯びる。葉は互生し，葉柄基部はふくらんで鞘状となる。葉身は１～２回羽状複葉で表面に光沢があり，小葉には細鋸歯がある。花序は頂生し，白い花を多数つける【2019/3/24 奄美市】

ボタンボウフウ *Peucedanum japonicum*　分布：本州中部～琉球／　海岸の岩場や砂地に生える多年草で茎は基部から分枝する。葉は互生し，葉身は１～２回３出羽状複葉で粉白色を帯び，やや厚くてしなやか，小葉は倒卵状くさび形で先が２～３裂する。花序は頂生し，白い花を多数つける。若葉は食用になる【2016/4/30 徳之島町】

ハマボウフウ *Glehnia littoralis*　分布：北海道～琉球／　海岸の砂地に生える多年草。根は深く地中に垂直に伸びる。葉は砂上に広がり，葉身はやや多肉質で表面に光沢があり，１～２回３出羽状複葉，小葉や裂片の先は円く，鋸歯がある。花序は頂生し，白い花を多数つける。花（果）序には白毛が密生する。若葉は食用になる【上（果期）：2013/5/11 県本土（大隅半島），左（花期）：2016/5/7 奄美市】

セリ ***Oenanthe javanica*** 分布：日本全土／ 湿地に生える多年草で全体無毛。地下茎を伸ばして増え，しばしば群生する。茎は四角状で中空。葉は互生し，１～２回羽状複葉，小葉は卵形で粗鋸歯縁または細く羽裂するものもある。春の七草の一つ。セリ科【左：2018/4/30 宇検村，上：2014/11/2 瀬戸内町】

ミツバ ***Cryptotaenia japonica*** 分布：北海道～琉球／ 林縁に生える多年草。葉は薄く，３出複葉で葉柄は長い。小葉は菱形状卵形，重鋸歯縁で無柄。茎の上部につく葉は小さく，小葉も幅が狭くなる。花序には白色の小さな花がまばらにつく。全体に芳香があり，食用になる。セリ科【2016/7/16 大和村】

ケチドメグサ ***Hydrocotyle dichondrioides*** 分布：九州～琉球／ 湿った岩上や地上を匍匐する多年草で茎の節から下根する。葉身は円状腎形で薄く，ごく浅く切れ込み，葉柄には反曲する縮毛がある。花序柄は細く，２～８個の小花をつける。チドメグサは葉柄が無毛。ウコギ科【2016/6/5 奄美市】

クマツヅラ *Verbena officinalis* 分布：本州～琉球／山野の道ばた生える多年草。茎は４稜形で全体に細毛がある。葉は対生し，葉身は３裂してさらに切れ込み，葉脈は表面で凹んでしわ状となる。細長い花序に淡紅紫色の花をつける。クマツヅラ科【左:2015/5/30 大和村】

イワダレソウ *Phyla nodiflora* 分布：本州（関東南部以西）～琉球／ 海岸に生える多年草。茎は地表をはい，節から下根して広がる。葉は対生し，上部に粗い鋸歯がある。花序は円柱状で扇形の苞が重なり合い，その隙間から淡紅紫色の花をのぞかせる。クマツヅラ科【下：2016/5/28 喜界町】

マルバハタケムシロ 危惧Ⅰ *Lobelia lochooensis* 分布：琉球（奄美大島・久米島）／ 海岸の湿った岩上や裸地に生える全体無毛の小型の多年草。茎は地表にはり付くように広がる。葉は互生し，やや肉質で全縁または数個の粗い鋸歯が出る。花は腋生し，花冠は白色または淡紫色で左右相称，５深裂する。キキョウ科【上左:2015/5/4 奄美大島，上右：2015/8/29 奄美大島】

タンゲブ ***Cyclocodon lancifolius*** 分布：種子島・琉球／ 山地の林縁に生える多年草。斜面崩壊跡地などの撹乱度の高い場所でも見られる。茎はややつる状に伸びて先は垂れ下がる。葉は対生し，葉身は先が尖り，縁には細鋸歯がある。花は腋生し，白色で下向きに咲く。果実は扁球形で紫栗色に熟す【左：2016/12/4 宇検村，下：2014/9/20 龍郷町】

ヒナギキョウ ***Wahlenbergia marginata*** 分布：本州（関東地方以西）～琉球／ 日当たりのよい原野に生える多年草。茎は有稜で切れば白い乳液が出る。葉は互生し，下部の葉はへら状，上部の葉は線状披針形で全縁または波状鋸歯縁。花は頂生し，花冠は淡紫色【2014/5/1 瀬戸内町】

ナンゴクシャジン ***Adenophora triphylla*** var. ***insularis*** 分布：九州南部・トカラ列島～琉球／ 日当たりのよい草地や林縁に生える多年草。葉は３～４輪生まれに対生あるいは互生し，柄は短く，縁に鋸歯がある。花冠は鐘形で先はやや広がり，淡青紫色で花柱は花冠からやや突き出る【2014/9/21 奄美市】

ハマニガナ *Ixeris repens* 分布：北海道〜琉球／海岸の砂浜に生える多年草。匍匐茎はほとんど砂中を横走し，葉身と花茎を砂上に出して繁殖する。葉は互生し，長い葉柄は砂中にある。葉身は質やや厚く，裏面は帯灰白色で掌状に中〜全裂して変化に富む。頭花は黄色【2016/5/7 奄美市】

オオジシバリ *Ixeris debilis* 分布：北海道〜琉球／ やや湿った農耕地や道ばたに生える多年草。走出枝を出して広がる。葉はやや薄く，倒披針形で全縁。花茎は長く，１〜５個の黄色い頭花をつける【2015/3/14 龍郷町】

オオジシバリ 奄美大島では海岸の砂浜にもオオジシバリが生育しており，海岸の厳しい環境に適応するため，匍匐茎を砂中に伸ばし，葉身もやや厚くなっている。これをアツバジシバリ *Ixeris debilis* var. *liuchuensis* として区別することもある【上左：2016/5/7 奄美市】

ミヤコジシバリ ハマニガナとオオジシバリの雑種と推定されている。葉身は羽状に深裂するが，変化が大きく，外見的にオオジシバリと区別することは難しい【上右：2015/3/7 奄美市】

ホソバワダン *Crepidiastrum lanceolatum* var. *lanceolatum* 分布：本州（中国地方）〜琉球／ 海岸の岩場や崖地に生える多年草。潮風の影響が強いところではやや内陸側まで生育している。側枝は地表をはい，その先にロゼットをつける。根出葉はさじ形で花茎の葉は互生し，基部は茎を抱く。頭花は黄色で花茎に多数つく【上左：2016/12/11 大和村，上右：2016/11/26 喜界町】

シマアザミ *Cirsium brevicaule* 分布：トカラ列島〜琉球／ 海岸の砂浜や岩場に生える多年草。葉は厚くて光沢があり，羽状に深〜中裂して鋭い刺がある。頭花には明らかな柄があり，花冠は白色まれに紅紫色【左：2015/4/11 奄美市】

キツネアザミ *Hemisteptia lyrata* 分布：本州〜琉球／ 農耕地周辺の畦地や道ばたなどに生える越年草。草姿はアザミ類に似るが，全体的にやわらかく刺もない。葉は互生。葉身は頭大羽状に深裂し，裏面には白い綿毛が密生する。頭花は紅紫色【上：2016/9/24 大和村】

ムラサキムカシヨモギ *Cyanthillium cinereum* 分布：九州南部～琉球／ 林縁に生える多年草。茎に灰白色毛があり，葉は低鋸歯縁で両面多少有毛。総苞には腺点があり，花冠は鮮紫色【2016/10/15 奄美市】

アキノノゲシ *Lactuca indica* 分布：北海道～琉球／ 耕作放棄地や荒地に生える全体無毛の大型の一年草。葉身はやわらかく，裏面は灰白色でときに羽状に切れ込む。頭花は淡黄色【2016/9/24 宇検村】

タイワンハチジョウナ *Sonchus wightianus* 分布：琉球／ 路傍に生える多年草。葉はへら状で刺状鋸歯縁。総苞には腺毛がある【2016/10/30 大和村】

アオオニタビラコ *Youngia japonica* subsp. *japonica* 分布：本州～琉球／ 草地に生える多年草。根出葉は頭大羽状に深裂する。茎は数本が直立し，分枝して黄色い頭花をつける【2015/3/14 龍郷町】

イズハハコ *Eschenbachia japonica* 分布：本州（関東地方以西）～琉球／ 明るい崖地に生える一年草。全体的に灰白色の軟毛がある。茎の下部の葉は有柄で翼があり，上部の葉は茎を抱く。頭花には舌状花がない【2016/8/28 宇検村】

ムラサキカッコウアザミ *Ageratum houstonianum* 分布：熱帯アメリカ原産／ 耕作放棄地などに生える一年草。茎や葉に白色の長毛が密生する。葉は対生し，葉身基部は浅心形。頭花は紫色でカッコウアザミより大きくて美しい【2015/2/15 瀬戸内町】

草本類

カッコウアザミ　*Ageratum conyzoides*　分布：熱帯アメリカ原産／　ムラサキカッコウアザミと同様に世界の温帯から亜熱帯に帰化している一年草。茎や葉に粗毛があり，葉身基部は円形～鈍形。頭花は白色～青紫色【上：2016/10/30 奄美市】

ベニバナボロギク　*Crassocephalum crepidioides*　分布：熱帯アフリカ原産／　伐採跡地などに生えるやわらかな一年草。全体的に赤紫色を帯びる。葉は質薄く，不規則に切れ込むか粗い鋸歯がある。頭花は下向きに咲き，すべて筒状花で花冠の先は赤紫色を呈する【右：2016/12/10 宇検村】

タケダグサ　*Erechtites valerianifolius*　分布：南アメリカ原産／路傍や荒れ地に生えるやわらかい一年草。葉は互生で柄があり，葉身は羽状に中～深裂する。頭花はすべて筒状花で花冠の先は淡紅色を呈する【左：2016/12/10 宇検村】

ウシノタケダグサ
Erechtites hieraciifolius var. *cacalioides*　分布：西インド諸島原産／　路傍や荒れ地に生える一年草。全体的に粗毛が多く，暗紅色を帯びる。茎の下部の葉は羽状に中裂し，上部の葉には粗い鋸歯がある。頭花はすべて筒状花で花冠の先は汚黄色を呈する【左：2015/3/8 奄美市】

コメナモミ ***Sigesbeckia glabrescens*** 分布：北海道～琉球／ 林縁や路傍に生える全体有毛の一年草。葉は対生し，葉身は卵状三角形で不揃いな鋸歯がある。頭花は黄色で長い総苞片が5個あり，腺毛が密生して著しく粘る。よく似たメナモミにはビロード状の長毛があり，ツクシメナモミは枝が二叉分枝するので区別がつく【2016/12/4 宇検村】

オオバナノセンダングサ ***Bidens pilosa*** var. ***radiata*** 分布：熱帯アメリカ原産／ 四国から琉球にかけて帰化している一年草。葉は羽状複葉で小葉は5枚。頭花は白い舌状花が大きくて目立つ。別名タチアワユキセンダングサ。茎の下部が地をはい，小葉が3枚のものをハイシロノセンダングサという【2016/9/22 龍郷町】

アメリカセンダングサ ***Bidens frondosa*** 分布：北アメリカ原産／ 全国に帰化している一年草。茎は紫褐色を帯び，葉は1～2回3出複葉で小葉の先は細く尖る。頭花には開出した不揃いな総苞外片があり，舌状花は目立たない。果実は扁平で2本の芒がある【2015/9/27 龍郷町】

コセンダングサ ***Bidens pilosa*** var. ***pilosa*** 分布：熱帯アメリカ原産／ 全国に帰化している一年草。小葉は3～5枚。頭花には舌状花がなく，総苞外片はへら状。果実の芒は3～4本【2015/8/2 宇検村】

シマコガネギク ***Solidago virgaurea*** var. ***insularis*** 分布：種子島・屋久島～琉球／　日当たりのよい原野に生える多年草。茎は高さ70㎝程度。葉は互生し，葉身は卵形または長楕円形で微凸状鋸歯縁，鋭頭で基部はくさび形，下部の葉の葉柄に翼がある。頭花は黄金色【2016/12/11 奄美市】

セイタカアワダチソウ ***Solidago altissima*** 分布：北アメリカ原産／　耕作放棄地や荒れ地に生える多年草でときに高さ2m以上となり，地下茎を伸ばして群生する。葉は全縁または低鋸歯縁でざらつく。円錐状の花序に黄金色の小さな頭花を多数つける【2016/10/10 伊仙町】

オトコヨモギ ***Artemisia japonica*** 分布：北海道～琉球／　低地の日当たりのよい草地に生える多年草。葉は互生し，葉身は上部が幅広く，下部はくさび形になって茎を抱き，上部だけに大小不同の鋸歯がある。写真の個体は海岸の砂浜に生えており，葉が厚くて光沢があるといった海岸植物によく見られる形質を備えていた【上：2016/11/23 奄美市】

リュウキュウヨモギ ***Artemisia morrisonensis*** 分布：トカラ列島～琉球／　海岸の砂浜に生える多年草。葉身は厚く，2回羽状に分裂し，裂片は糸状線形ではじめ絹毛を有するが，のち無毛となる。頭花は卵形でよく似たカワラヨモギよりもやや大きい。別名ニイタカヨモギ【右：2016/11/23 奄美市】

ニシヨモギ ***Artemisia indica*** var. ***indica*** 分布：本州（関東地方以西）〜琉球／ 低地から山地の林縁や原野に生える多年草。葉は互生し，葉身は羽状に深裂するが，茎上部のものほど小さく，切れ込みも少なくなって披針形，全縁となる。裏面は茎とともに綿毛が密生して白い。本土に分布している変種のヨモギ var. *maximowiczii* よりも全体的に大きい。別名オキナワヨモギ【上：2016/10/29 奄美市】

サケバコウゾリナ ***Blumea laciniata*** 分布：琉球／ 山地の林縁に生える一年草で全体に軟毛と腺毛がある。葉は頭大羽状に分裂するが，上部の葉は分裂せずに鋸歯縁となる。頭花は下向きに咲き，総苞片は帯紫色で花冠は黄色【右：2014/5/6 奄美市】

オオキバナムカシヨモギ ***Blumea conspicua*** 分布：種子島・屋久島〜琉球／ 山地のやや湿った林縁に生える大型の多年草。葉は下部に集まって互生し，倒卵状長楕円形で基部は次第に狭くなって葉柄の翼に流れ，縁には鋭い鋸歯がある。頭花は円錐状の花序に下向きにつき，小花の花冠は黄色【左と下：2014/4/19 奄美市】

オキナワハグマ ***Ainsliaea macroclinidioides*** var. ***okinawensis*** 分布：トカラ列島～琉球／ 山地の渓流沿いや林内に生える多年草。葉は互生し，輪生状に集まってつく。葉身は質やや厚く，表面には光沢があり，鋭尖頭で縁には微凸で終わる不明瞭な歯牙がある。茎の中ほどから先端にかけて多数の頭花がつく。頭花は3個の小花からなり，花冠は白色で深く5裂する【2015/11/23 大和村】

コケタンポポ 危惧Ⅰ ***Solenogyne mikadoi*** 分布：琉球（奄美大島・沖縄島・先島諸島）／ 渓流の湿った岩上にはりつくように生える小型の多年草。根出葉はロゼット状に出て羽裂し，両面には白色毛が散生する。頭花は花茎に単生し，小花は筒状で舌状花はない。花後は総苞片だけがやや平開して残る【上：2015/11/7 奄美大島，（拡大）：2014/5/25 奄美大島】

ツワブキ ***Farfugium japonicum*** var. ***japonicum*** 分布：本州～琉球／ 沿岸部の林縁や路傍に生える多年草。若い根出葉は淡褐色の綿毛を密布するがのち無毛，葉身は円腎形で表面に光沢があり，全縁または不ぞろいな鋸歯がある。花茎は太く，先に数個の黄色い頭花をつける【左：2016/12/18 天城町】

リュウキュウツワブキ 危惧Ⅰ var. ***luchuense*** 渓流に生え，葉身は扇形～腎形で変化するが，基部はくさび形から切形でツワブキのように心形になることはない。琉球（奄美大島以南）に分布する【下：2014/6/8 奄美大島】

ガンクビソウ *Carpesium divaricatum* var. *divaricatum* 分布：本州～琉球（沖縄島以北）／ 山地の林縁に生える多年草。全体に縮毛があり，根出葉は花期には枯れて無くなる。茎葉は互生し，卵状長楕円形で波状鋸歯縁。頭花は枝先に単生し，卵球形で先が細くなり，小花の花冠は汚黄色【2015/8/23 宇検村】

サジガンクビソウ *Carpesium glossophyllum* 分布：本州～琉球（徳之島以北）／ 山地の林縁に生える多年草で全体に開出毛が密布する。根出葉は舌状で花期にも残る。頭花は枝先に1個つき，椀形で小花の花冠は黄白色【2016/8/28 宇検村】

タカサブロウ *Eclipta thermalis* 分布：本州～琉球／ 湿地に生える一年草。葉は対生で茎とともに剛毛があってざらつき，低鋸歯縁。頭花には白色の舌状花がある【上：2016/11/12 知名町】

ヌマダイコン *Adenostemma lavenia* 分布：関東地方～琉球／ 湿った林縁に生える多年草。葉は対生し，低鋸歯縁。頭花は筒状花からなり，花冠から突き出た白い花柱が目立つ【右：2015/9/27 龍郷町】

オキナワギク *Aster miyagii* 分布：琉球（奄美大島・徳之島・沖縄島）固有／ 海岸の岩場や崖地に生える多年草で匐枝を伸ばして増える。ロゼット状の葉は厚くて両面に粗毛があり，全縁または低鋸歯縁，茎葉は少ない。頭花は頂生し，舌状花は白色または淡紫色【左：2014/11/9 瀬戸内町，上：2016/11/3 奄美市】

イソノギク *Aster asagrayi* var. *asagrayi* 分布：琉球（奄美大島・沖永良部島・沖縄島）固有／ 海岸に生える多年草。茎葉はやや厚く，さじ形で全縁，無柄。頭花は白色または淡紫色【2014/11/2 瀬戸内町】

シュウブンソウ *Aster verticillatus* 分布：本州～琉球／ 山地の林縁に生える高さ１m程度の多年草。葉はやや平面的に互生し，葉身は波状鋸歯縁で両面はざらつく。頭花は腋生して下向きにつき，舌状花は白色で目立たない【2016/7/31 奄美市】

コヨメナ *Aster indicus* 分布：四国・九州南部～琉球／ 湿った畦地や林縁に生える多年草。葉は互生し，葉身は長楕円状卵形で中部以上に大きな鋸歯が数個ある。頭花は頂生し，舌状花は淡紫色。痩果の冠毛はごく短く，長さ0.25㎜程度【上:2016/11/20 奄美市】

オオシマノジギク *Chrysanthemum crassum* 分布：琉球（奄美大島～沖永良部島）固有／ 海岸に面した崖地や岩場，草地に生える多年草。葉は互生して長柄がある。葉身は厚くて3中裂し，裂片は波状鈍歯牙縁，裏面は毛が密生して灰白色。頭花は頂生し，舌状花は白色。撮影日は咲き始めの頃だった【右：2014/11/1 龍郷町】

シマフジバカマ *Eupatorium luchuense* var. *luchuense* 分布：屋久島～琉球／ 海岸に生える多年草。葉は対生し，葉身は広卵形で質やや厚く，表面に光沢があり，裏面は腺点が密にあって有毛，鈍鋸歯縁。花は白色【2016/4/14 知名町】

ヤマヒヨドリバナ *Eupatorium variabile* 分布：本州（紀伊半島)・四国～琉球／ 山地の林縁に生える多年草。葉は対生し，葉柄は長く，葉身は卵形で基部は切形～円形，低鋸歯縁でほぼ無毛，腺点はない。花は白色【2015/11/1 龍郷町】

クマノギク *Sphagneticola calendulacea* 分布：本州（紀伊半島・伊豆半島）～琉球／ 海岸近くのやや湿った場所に生える多年草。茎は地をはい，節から下根して広がる。葉は対生し，葉身はやや細長くてざらつき，低鋸歯縁で短柄がある。頭花は茎頂に単生し，長柄がある【2014/5/11 瀬戸内町】

アメリカハマグルマ *Sphagneticola trilobata* 分布：熱帯アメリカ原産／ 琉球に広く帰化している多年草で地表を覆うように広がって繁茂する。葉身は菱形で成葉では中央部が大きく切れ込む。環境省が緊急対策外来種に指定しており，積極的な駆除が行われている【2016/7/9 奄美市】

ネコノシタ *Melanthera prostrata* 分布：本州（関東地方以西）～琉球／ 海岸の砂浜に生える多年草。茎は方形で地をはい，節から下根しながら分枝して広がり，先は斜上する。葉は対生し，葉身は長楕円形で長さ3㎝程度，革質で厚く，まばらに鋸歯があり，両面には茎とともに短剛毛がある。頭花は黄色で枝先に単生する。和名は葉が猫の舌のようにざらつくことによる。別名ハマグルマ【上：2015/8/13 喜界町，右：2016/9/25 喜界町】

オオハマグルマ *Melanthera robusta* 分布：本州（紀伊半島）～琉球／ 海岸の砂浜に生える多年草。茎は方形で稜があり，長く地をはいながら分枝して広がる。葉は対生し，葉身は触感がネコノシタに似るが，卵形で5～10cm程度と一回り大きく，縁には明瞭な鈍鋸歯がある。枝先につく頭花はネコノシタよりも多く，ふつう3個でまれに1個【上：2016/9/17 奄美市，右：2016/9/25 喜界町】

キダチハマグルマ *Melanthera biflora* var. *biflora* 分布：九州南部～琉球／ 海岸に生えるつる性の多年草。全体的に短剛毛があってざらつく。茎は方形で，他物に寄りかかりながら長く伸びて繁茂する。葉は対生し，葉身は厚い紙質で卵形，長さ12cm程度と大きく，基部はやや円形で鋸歯は鋭い。頭花は枝先に3～6個つき，舌状花は8～12個，筒状花は30～40。琉球に分布するオオキダチハマグルマ var. *ryukyuensis* は頭花の舌状花が14～15個，筒状花が45～70個と多い【上左：2016/6/12 奄美市，上右：2016/6/19 大和村】

つる植物

ニガカシュウ *Dioscorea bulbifera* 分布：本州（関東地方以西）～琉球／ 林縁に生える雌雄別株のつる性多年草。葉は互生し，葉身はほぼ円形で大きく曲がった葉脈と横じわが目立つ。花序は雄花と雌花ともに下垂し，花は黄緑色または紫色。葉腋に球形でいぼの多いむかごをつけ，これが落下して新個体をつくる【2016/9/19 奄美市，（むかご）：2015/6/6 奄美市】

ユワンオニドコロ 危惧Ⅰ *Dioscorea tabatae* 分布：奄美大島・徳之島に固有／ 限られた山地に生える雌雄別株のつる性多年草。茎は正面から見て右肩上がりの右巻き（写真左）で葉は対生し，葉腋にむかごをつける。花は白色で平開せず，雌花序は下垂し，雄花序は直立する。葉は2形あり，大型のものは基部が大きく張り出して腎形になり，先が急に細くなって尾状に尖る【上左（雌花）と上右（雄花）：2016/6/18 奄美大島】

キールンヤマノイモ　危惧Ⅰ
Dioscorea pseudojaponica　分布：琉球／　山地の林縁に生える雌雄別株のつる性多年草。茎は右巻きで葉は対生し，葉先は鋭尖形または鋭形で細長くなるが，ユワンオニドコロのように尾状にならない。花は白色で雌花序は下垂し，雄花序は直立する。晩秋になると色づいた黄葉が人目を引き付ける【左：2015/12/5 奄美大島，上:2016/9/16 奄美大島】

アマミタチドコロ　危惧Ⅰ　*Dioscorea zentaroana*　分布：奄美群島に固有／　林縁に生える雌雄別株のつる性多年草。葉は互生し，葉身は長さ15㎝程度で葉縁がわずかに波うち，葉先は尾状に長くとがる。葉腋にはむかごをつけない。花は黄緑色。【左（雄花）と上（雌花）：2015/5/9 大和村】

ハマサルトリイバラ ***Smilax sebeana*** 分布：九州南部～琉球／　海岸近くに生える常緑のつる性半低木。雌雄別株で茎にはほとんど刺がなく，葉の裏面は白色を帯びる。花は黄白色～白緑色で花被片はほとんどそり返らない。果実は球形で黒熟し，白粉でおおわれる【左：2016/3/27 奄美市，上：2016/12/4 大和村】

オキナワサルトリイバラ 危惧Ⅰ
Smilax china* var. *yanagitae 分布：琉球(沖永良部島以南)／　山地に生えるつる性半低木で茎にはほとんど刺がない。葉身は薄い革質。花は黄白色で春に開花する。果実は球形で赤熟する【2015/2/6 沖永良部島】

サツマサンキライ ***Smilax bracteata*** 分布：九州南部～琉球／山地に生える常緑のつる性半低木。雌雄別株で茎には刺がまばらにあるかまたはない。ハマサルトリイバラに似るが，葉の裏面は緑色で花被片と花柄は紅色を帯び，花被片はそり返る。花期も異なり，ハマサルトリイバラは若葉を出す3～4月頃に咲くが，サツマサンキライは11～2月頃に開花する。果実は球形で黒熟する【2015/1/10 大和村】

ササバサンキライ ***Smilax nervomarginata*** 分布：琉球／ 山地に生える雌雄別株の常緑つる性半低木で茎に刺はない。葉身は革質でササの葉のように細く，ときに線状となる。花は紫褐色で花被片はそり返る。果実は黒緑色に熟す【上：2014/5/1 瀬戸内町，右：2016/12/18 天城町】

カラスキバサンキライ ***Heterosmilax japonica*** 分布：九州南部～琉球／ 山地に生える雌雄別株の常緑つる性半低木で茎に刺はない。葉身はサルトリイバラ属（Smilax）のように革質ではなく，紙質で葉先は急に尖り，表面は葉脈に沿ってややしわ状となる。サルトリイバラ属と異なり，花被片は合着して筒状あるいはつぼ状になるので，花が咲いていることに気付きにくい。果実は球形で黒熟する【左：2016/11/3 大和村】

アマミヒメカカラ ***Smilax amamiana*** 分布：琉球（奄美大島固有）／ 湯湾岳の山頂付近に生える小型の落葉性半低木。雌雄別株。茎は有稜でまばらに刺があり，ジグザグ状で水平に広がる。葉身は円形で2㎝程度。果実は葉腋に1個つき，赤熟する。花は4月頃に咲く【2014/12/6 宇検村】

サネカズラ ***Kadsura japonica*** 分布：本州（関東地方以西）～琉球／ 常緑つる性木本で若枝は帯赤褐色。葉は互生し，葉身は革質で低鋸歯縁，表面に光沢があり，裏面は帯赤紫色。別名ビナンカズラ。マツブサ科【2015/11/15 大和村，(花)：2016/9/17 龍郷町】

フウトウカズラ ***Piper kadsura*** 分布：本州（関東地方以西）～琉球／ 雌雄別株の常緑つる性木本。節から気根を出し，他物に付着してよじ登る。葉は互生し，葉身は鋭尖頭で全縁，基部は浅い心形。花穂は細長い。コショウ科【2016/12/10 宇検村，(花)：2016/5/4 奄美市】

リュウキュウウマノスズクサ ***Aristolochia liukiuensis*** 分布：琉球（奄美大島以南）／ 木本性のつる植物。葉は互生し，葉身は厚い革質で裏面は細脈が隆起し，軟毛を密布する。花の筒部外面は有毛，先の幅広くなった舷部内面は黄色で赤紫色の条紋が密に入る。蒴果は円筒状で6個の稜がある。ウマノスズクサ科【左：2017/2/11 奄美市，上：2014/5/6 宇検村】

トウツルモドキ *Flagellaria indica* 分布：琉球（徳之島以南）／ 常緑のつる性木本で，他物に覆いかぶさるように繁茂する。茎は竹稈に似て緑色。葉は2列互生し，革質で先は鋭く伸びて先端は巻きひげになる。花序は円錐状で白い花が密生する。果実は球形で赤熟する。トウツルモドキ科【左：2016/7/24 伊仙町，上：2017/1/14 伊仙町】

ムベ *Stauntonia hexaphylla* 分布：本州～琉球／山地の林縁に生える常緑のつる性木本。葉は互生し，掌状複葉で小葉は5～7枚。葉身は革質で全縁，裏面は淡緑色で網状脈までよく見える。早春に淡黄色の花をつける。萼片は6枚で内側には紅紫色の斑がある。果実は卵形で暗紫色に熟す。アケビの果実は熟すと裂開するが，本種は裂開しないものが多い。アケビ科【上:2015/11/15 大和村，右:2015/3/21 大和村】

ハスノハカズラ　*Stephania japonica*　分布：本州（神奈川県以西）～琉球／　常緑のつる性低木で全体無毛。葉は互生し，長い葉柄が葉の裏面に楯状につくのが大きな特徴。花は淡緑色で花序に多数つく。果実は球形で赤熟する【左：2016/7/30 大和村，上：2016/6/5 奄美市】

アオツヅラフジ　*Cocculus orbiculatus*　分布：北海道～琉球／　海岸近くの林縁に生える半常緑のつる性木本で茎や葉に淡褐色の毛がある。葉は互生し，葉身は通常卵形であるが，ときに狭卵形となって3浅裂することもある。花は小さく，黄緑色。果実は球形で藍黒色に熟し，表面は白粉を帯びる【上左:2016/8/19 和泊町，上右：2016/11/13 知名町】

ビロードボタンヅル *Clematis leschenaultiana* 分布：九州南部～琉球／ 半常緑の木本性つる植物で茎は帯紫褐色。葉は対生し，１回３出複葉で鋸歯縁，小葉の表面は葉脈が凹み，両面は茎とともに長毛があってビロードの触感がある。冬に釣鐘状の花が下向きに咲き，萼片には黄褐色の開出毛がある。痩果には長い冠毛が羽毛状につく【2015/1/10 大和村】

コバノボタンヅル *Clematis parviloba* 分布：四国～琉球／ 落葉の草本性つる植物。葉は対生し，２回３出複葉で小葉は全縁あるいは浅裂し，頂小葉の先は長く伸びる。花は上向きに咲き，萼片は白色で平開する【2016/9/16 大和村】

リュウキュウボタンヅル *Clematis grata* 分布：琉球（奄美大島以南）／ 常緑の木本性つる植物で茎は帯紫褐色。葉は１回３出複葉。小葉は３浅裂して粗鋸歯縁，葉脈は表面で凹み，裏面には伏毛がある。萼片は白色で平開する【2016/7/16 奄美市】

つる植物

センニンソウ *Clematis terniflora* 分布：北海道～琉球／ 常緑の木本性つる植物で茎は緑色。葉は対生し，1～2回3出複葉，小葉は両面無毛で全縁。花はヤンバルセンニンソウより遅れて夏に咲く【2016/9/3 大和村】

ヤンバルセンニンソウ *Clematis meyeniana* 分布：屋久島・種子島～琉球／ 常緑の木本性つる植物で茎は淡褐色。葉は対生し，1回3出複葉で表面に光沢がある。小葉は両面無毛で全縁。花は初夏に咲く【2015/5/3 奄美市】

ヤエヤマセンニンソウ *Clematis tashiroi* 分布：トカラ列島～琉球／ 常緑の木本性つる植物で茎は淡紫褐色を帯びる。葉は対生し，1回3出複葉で表面に光沢があり，小葉は両面無毛で全縁，表面の葉脈は凹む。花は秋に咲き，萼片の背面には黄褐色の柔毛が密にあり，内面は黒紫色を呈する【上：2016/9/24 大和村】

ヤエヤマセンニンソウ 葉柄基部に茎を抱く托葉があるのが特徴。Clematis（センニンソウ属）の痩果には花後に伸びた花柱に長い冠毛が羽毛状につくため，果期でも人目を引く。和名は果実の様子を仙人の白毛に見立てたことによる【上左（托葉）：2016/9/18 大和村，上右（果実）2016/12/4 大和村】

テリハノブドウ ***Ampelopsis glandulosa*** var. ***hancei***
分布：本州南部〜琉球／　林縁に生える半落葉性のつる性木本で葉と対生する巻きひげで他物にからみつく。葉は無毛で表面に光沢がある。花は淡緑色。果実は球形で紫色や紅色，コバルト色，白色など様々な色になるが，食べられない【2015/8/15 大和村】

アカミノヤブガラシ　よく似たヤブガラシは，花が淡緑色で果実は黒熟する【上：2016/4/30 徳之島町】

アカミノヤブガラシ ***Cayratia yoshimurae***　分布：九州南部〜琉球／　林縁に生えるつる性の多年草で葉と対生する巻きひげで他物にからみつく。葉は5小葉からなる鳥足状複葉。小葉は膜質で鋸歯の先は凸端に終わる。花は淡黄色で花序とともに紫紅色を帯びる。果実は球形で紫紅色に熟す【上：2014/6/22 宇検村】

アマミナツヅタ ***Parthenocissus heterophylla***　分布：琉球（奄美大島以南）／　落葉性のつる性低木で巻きひげの先にある吸盤で他物に固着してよじ登る。葉は互生し，葉身は3出複葉。花は淡黄緑色で果実は球形。冬には紅葉する【左（花）：2016/7/16 大和村，上：2015/11/15 大和村】

サンカクヅル ***Vitis flexuosa*** var. ***flexuosa*** 分布：北海道〜琉球（奄美大島）／ 落葉性のつる性低木で葉と対生する巻きひげで他物にからみつく。葉は三角状卵形で鋭尖頭，粗鋸歯縁，両面無毛で裏面脈上にだけ毛がある。花序の軸は赤く，花は淡黄緑色。果実は球形で黒色に熟す。本種とリュウキュウガネブはVitis（ブドウ属）なので，果実はぶどうの房状につく【上（花）：2016/5/22 宇検村，右（果実）：2014/6/28 大和村】

リュウキュウガネブ ***Vitis ficifolia*** var. ***ganebu*** 分布：甑島・トカラ列島〜琉球／ 落葉性のつる性低木で葉と対生する巻きひげで他物にからみつく。葉は大きく，浅く3〜5裂し，表面ははじめクモ毛があるがのち無毛，葉脈はくぼみ，裏面は全体にクモ毛がある。花序の軸はクモ毛でおおわれ，花は淡黄緑色。果実は球形で黒色に熟す。沖縄では本種の果実でワインが作られている【上（花）:2016/7/9 龍郷町，右（果実）:2016/7/9 奄美市】

ヒメイタビ *Ficus thunbergii* 分布：本州（千葉県以西）～琉球／ 林内に生える雌雄別株の常緑つる性低木。茎から出す気根で樹幹や岩をよじ登り，成木になると枝を張り出して垂らす。葉は互生し，葉身は卵状楕円形で先はやや尖り，成木の葉は全縁だが樹幹や岩の表面にはりついた幼苗の葉では２～３個の大型の鋸歯が出る。果のうは球形で灰褐色に熟す【上:2016/3/6 宇検村，上右:2016/4/16 大和村，右（幼苗）: 2017/9/18 県本土（薩摩半島)】

イタビカズラ *Ficus sarmentosa* subsp. *nipponica* 分布：本州～琉球／ 雌雄別株の常緑つる性低木。茎から気根を出して樹幹や岩をよじ登り，若枝には短毛が密生する。葉は互生し，葉身は披針状長楕円形で先はやや尾状に尖り，葉柄には短毛が密生する。果のうは長楕円形でヒメイタビやオオイタビの果のうよりも小さく，直径は１㎝にも満たない【下：2017/9/18 県本土（薩摩半島)】

オオイタビ *Ficus pumila* 分布:本州（千葉県以西）～琉球／ 雌雄別株の常緑つる性低木。ヒメイタビと同様に茎から気根を出して樹幹や岩をよじ登り，成木になると枝を張り出して垂らすが，林地よりも集落周辺の樹木や石垣でよく見かける。葉は互生し，葉身はヒメイタビよりも大きくて幅広く，先は鈍い。幼苗の葉は成木の葉に比べて著しく小さいが，ヒメイタビのような鋸歯はなく，成木の葉と同じく全縁である。果のうは倒卵形で紫色に熟す【上：2016/7/9 奄美市】

つる植物

ハギカズラ　*Galactia tashiroi*　分布：トカラ列島～琉球／海岸岩場を匍匐するつる性の多年草。葉は互生し，３出複葉で小葉は革質，表面無毛で裏面には灰白色の毛が密生する。豆果は線形で圧毛がある【2015/8/18 知名町】

タンキリマメ　*Rhynchosia volubilis*　分布：本州（千葉県以西）～琉球／　つる性の多年草で全株に粗毛が密布する。小葉は質やや厚く，裏面には腺点が密生する。花は淡黄色。豆果は長楕円形で紅熟する【2015/8/16 奄美市】

ボウコツルマメ　危惧Ⅰ　*Glycine tabacina*　分布：琉球（沖永良部島以南）／　海岸の草地に生える小型のつる性多年草。葉は３出複葉で小葉の裏面と縁，小葉柄には粗毛がある。花は青紫色。豆果は線形～長楕円形で有毛【2016/8/19 沖永良部島】

ヤブマメ　*Amphicarpaea edgeworthii*　分布：北海道～奄美大島／　つる性の一年草。葉は３出複葉で小葉の両面と茎は有毛。開放花の旗弁は先が紫色で基部が白色。地中に閉鎖花をつける【2016/9/16 大和村】

オオヤブツルアズキ *Vigna reflexopilosa* 分布：琉球（奄美大島以南）／ つる性の一年草。葉は互生し，3出複葉で茎と小葉の両面には粗毛がある。花は黄色で竜骨弁がねじれる。豆果は線形で斜上する【2016/9/3 大和村】

ハマアズキ *Vigna marina* 分布：種子島・屋久島～琉球／ 海岸の砂浜を匍匐するつる性の多年草。葉は互生し，3出複葉。小葉は無毛で表面には光沢がある。花は黄色の蝶形花で竜骨弁はねじれない。豆果は線状長楕円形【2015/8/13 喜界町】

ハマナタマメ *Canavalia lineata* 分布：本州（千葉県以西）～琉球／ 海岸に生えるつる性の多年草。葉は互生し，3出複葉。小葉はやや革質で鈍頭～円頭。花はピンク色。豆果は長楕円形で太い。よく似たタカナタマメはトカラ列島以南に分布し，小葉は質が薄くて先が短く尖り，花は淡紅色【左と上：2014/6/21大和村】

デリス ***Paraderris elliptica*** 分布：インド・マレーシア原産／ 常緑のつる性木本。葉は互生し，奇数羽状複葉で小葉柄や葉軸にはさび色の毛が密生する。新葉は淡褐色で人目を引く。殺虫剤の原料になる。別名ハイトバ【2016/6/4 奄美市】

フジ ***Wisteria floribunda*** 分布：本州〜九州／ つる性の落葉木本。つるは正面から見て右下から左上に巻く左巻き。葉は互生し，奇数羽状複葉で小葉はほぼ無毛。写真の株は栽培から逸出したものかもしれない【2015/4/11 奄美市】

クズ ***Pueraria lobata*** subsp. ***lobata*** 分布：北海道〜琉球（徳之島以北）／ つる性の半低木。葉は3出複葉。小葉は紙質でときに2〜3中裂する。花は紅紫色【2016/9/16 大和村】

タイワンクズ ***Pueraria montana*** 分布：琉球（奄美大島以南）／ つる性の半低木。葉は3出複葉。小葉は厚い紙質でクズのように切れ込まない。花は青紫色。沖永良部島では普通に見ることができた【2016/10/8 知名町】

ナンテンカズラ *Caesalpinia crista* 分布：屋久島・トカラ列島～琉球／ マングローブの林縁に生える常緑のつる性木本。葉は２回偶数羽状複葉で葉軸や葉柄には逆向きの刺がある。小葉は２～４対，革質で光沢がある。豆果は卵形【2016/4/16 奄美市，(果実)：2016/7/10 奄美市】

シイノキカズラ *Derris trifoliata* 分布：琉球（奄美大島以南）／ 海岸近くの林縁に生える常緑のつる性木本。葉は奇数羽状複葉で小葉は５～９個つき，革質で光沢があり，葉先は急鋭尖頭で両面無毛。花序は腋生し，白色または帯紅色の花をつける。豆果は広楕円形【2016/8/21 瀬戸内町】

ハカマカズラ *Phanera japonica* 分布：紀伊半島・高知県・九州～琉球／ 海岸近くの林縁に生える常緑のつる性木本で側枝から巻きひげが出る。葉は互生し，単葉で掌状脈があり，葉先は２深裂する。花は淡黄緑色で５枚の花弁はほぼ同形同大。豆果は卵形～長楕円形。和名は葉が袴の形に似ることによる【2013/7/6 県本土(薩摩半島)，(葉)：2016/9/17 奄美市】

モダマ　豆果は大きいものでは１m以上になる。奄美大島の群生地では，ウジルカンダと混生しながら谷全体を覆い尽くすように繁茂していた【2016/11/19 奄美大島】

モダマ　穂状花序は円柱状で淡黄色の花を多数つける【2016/5/29 奄美大島，（葉）：2015/12/20 奄美大島】

モダマ　危惧Ⅰ　***Entada phaseoloides*** subsp. ***tonkinensis***　分布：屋久島・奄美大島／　海岸近くの林縁に生える大型の常緑つる性木本。太い幹がらせん状によじれる姿が特徴的である。葉は２回偶数羽状複葉。小葉は革質，ややゆがんだ倒卵形で表面に光沢がある。豆果は木質で多少湾曲し，種子間には節があってくびれる。種子は黒褐色，径約５㎝の円形で厚みがあり，海流によって散布される。和名の「藻玉」は種子を海藻のものに見立てたことによる【2016/8/20 奄美大島】

ウジルカンダ *Mucuna macrocarpa* 分布：大分県・馬毛島・琉球（奄美大島以南）／ 山地の林縁に生える大型の常緑つる性木本。葉は3出複葉で頂小葉は楕円形，側小葉はゆがんだ卵形で左右非相称。花序は太い枝の葉腋痕から出て，多数の花を密生させる。旗弁は淡黄緑色で翼弁は暗紫色，竜骨弁は淡紅色で先端は上方にそり返る。豆果は広線形でくびれが目立つ。別名イルカンダ。沖縄ではつるのことを「カンダ」と言い，これが和名となっている【左：2016/4/10 奄美市，上：2015/5/3 奄美市】

ウジルカンダ 空中を長く横たわる太い枝から大きな花序がいくつも垂れ下がっていた【2016/4/10 奄美市】

ワニグチモダマ　花に気づかなければクズのような雑草にしか見えないのかもしれない。この撮影地では勢いよく繁茂した集団が道路沿線の除草作業で大部分刈り払われていた【2016/12/25 宇検村】

ワニグチモダマ　花が傷みやすいためなのか，ほとんどの花序で花弁が黒く変色しており，綺麗な花序を見つけることができなかった【2016/12/25 宇検村】

ワニグチモダマ　*Mucuna gigantea*　分布：琉球（奄美大島以南）／　海岸の林縁に生える常緑のつる性木本。葉は３出複葉。小葉はやや厚い革質で両面ほぼ無毛，表面には光沢があり，頂小葉は卵状楕円形，側小葉はゆがんだ卵形で左右非相称。花序は長い柄があって葉腋から下垂し，淡黄緑色の花を10個程度つける。萼は広鐘形ではじめ黄褐色の毛がある。旗弁は倒卵形，翼弁は竜骨弁とほぼ同長で竜骨弁の先端は嘴状にとがる。豆果は長楕円形。種子は厚みのある円形でモダマと同じように海流によって散布される【2016/7/30 奄美市】

オオカラスウリ ***Trichosanthes laceribractea*** 分布：四国～琉球／ 林縁に生える多年生のつる草で葉と向かい合って出る巻きひげで他物に絡みつく。葉は互生。葉身は心形でふつう掌状に３または５裂し，歯牙縁で表面はざらつく。花は昼間でも咲いており，花柄には縁が細裂した大きな苞がある。果実は楕円形～球形で朱橙色に熟す【上と左：2016/9/22 奄美市】

リュウキュウカラスウリ ***Trichosanthes miyagii*** 分布：琉球（奄美大島・徳之島・沖縄島）／ 林縁に生える多年生のつる草。葉は互生し，葉身はやや厚くて表面に光沢があり，円心形で全縁，両面無毛。花は夕方に開花して翌朝にはしぼむ。果実は球形で黄色に熟す【右：2016/9/24 宇検村】

ケカラスウリ ***Trichosanthes ovigera*** var. ***ovigera*** 分布：九州南部～琉球／ 林縁に生える多年生のつる草。葉は互生。葉身は円心形で３～５中裂し，両面に毛が密生する。果実は卵状楕円形で先が嘴状に尖って赤く熟す【上右：2016/9/19 奄美市，上左（果実）：2016/12/10 瀬戸内町】

つる植物

オキナワスズメウリ *Diplocyclos palmatus* 分布：トカラ列島～琉球／ 人里のやぶ地や林縁に生える一年生のつる草。葉は互生。葉身は卵形で掌状に5または7裂し，表面はざらつく。花は黄緑色。果実は球形で赤色に白色の縦縞がある【2016/9/24 宇検村】

アマチャヅル *Gynostemma pentaphyllum* var. *pentaphyllum* 分布：北海道～琉球／ 人里のやぶ地や林縁に生える雌雄別株の多年生つる草。葉は互生し，葉身は質薄く，ふつう鳥足状の5小葉からなる。花は黄緑色。果実は球形で黒緑色に熟す【2016/12/10 宇検村】

クロミノオキナワスズメウリ *Zehneria guamensis* 分布：琉球（奄美大島以南）／ 林縁に生える一年生のつる草。葉は互生し，葉身は円心形で縁には粗い微鋸歯があって表面はざらつく。花は白色。果実は広楕円形で暗緑色に熟す【左：2015/9/12 宇検村，上：2015/11/22 大和村】

テリハツルウメモドキ *Celastrus punctatus*
分布：本州（山口県）～琉球／　半常緑性のつる性木本で雌雄別株。若枝は淡褐色で白い皮目が目立つ。葉は互生し，葉身は薄い革質で楕円形，長さ5㎝程度で低鋸歯縁，表面には光沢がある。花は淡緑色。果実は球形で果柄の関節は中央より上にある【2016/11/26 喜界町】

リュウキュウツルウメモドキ *Celastrus kusanoi*
分布：トカラ列島～琉球／　落葉性のつる性木本で雌雄別株。小枝は紫褐色で白い皮目が目立つ。葉は互生し，葉柄は長い。葉身は紙質で卵円形，長さ10㎝程度で葉先は短く尖り，縁には低鋸歯がある。花は淡緑色。果柄の関節は中央より下にある【2016/11/3 龍郷町】

アバタマユミ　危惧Ⅰ　*Euonymus spraguei*　分布：琉球（奄美大島以南）／　山地の林内に生える常緑つる性低木。茎から出す気根で樹幹や岩をよじ登る。小枝は緑色。葉は対生し，葉身は薄い革質で縁には波状の低鋸歯がある。花は黄白色。果実は球形で小さな刺があるが，刺がおちた痕はあばた状になる。別名トゲマユミ。よく似たリュウキュウツルマサキは高地に生え，葉身は革質で葉先は円みがある【左：2015/10/18 奄美大島，（花）：2014/5/4 奄美大島，上（果実）：2014/8/24 奄美大島】

サルカケミカン *Toddalia asiatica* 分布：琉球（喜界島・沖永良部島以南）／ 石灰岩地の海岸林に生える雌雄別株の常緑つる性低木。茎にある下向きの鋭い刺で他物にからみつきながらよじ登る。葉は互生し，3出複葉。小葉は革質で鈍鋸歯縁，両面無毛で油点が密布する。花は淡緑白色。果実は球形で橙黄色～赤色に熟す【上左：2016/5/28 喜界町，上右：2016/2/21 与論町】

ツルザンショウ *Zanthoxylum scandens* 分布：トカラ列島～琉球／ 石灰岩地に生える常緑つる性低木。葉は互生し，奇数羽状複葉。小葉は薄い革質で尾状鋭尖頭，基部はくさび形で左右不相称，葉柄や葉軸にある下向きの鋭い刺で他物にからみつく。花序は腋生し，黄緑色の小花を円錐状につける。果実は球形，種子は黒色で光沢がある【2016/11/12 知名町】

シマユキカズラ *Pileostegia viburnoides* 分布：琉球（奄美大島以南）／ 山地に生える全体無毛の常緑つる性木本。茎は褐色または紫褐色で気根を出して樹幹や岩をよじ登る。葉は対生。葉身は革質で表面に光沢があり，成葉は全縁または葉先に波状の鋸歯があるが，地表近くの岩や樹幹にへばりつく幼苗の葉はごく小さく，粗い欠刻状の鋸歯がある。花序は円錐状で枝先に頂生し，花弁は白色で開花と同時に落ちるので白色の雄しべがよく目立つ。アジサイ科【上左と上右：2015/9/13 奄美市】

シマサルナシ *Actinidia rufa* 分布：本州（紀伊半島・山口県）・四国～琉球／ 山地に生える常緑性藤本。枝は赤褐色で樹皮は短冊状に剝がれる。葉は互生し，葉身は厚い紙質で縁にはかたい鋸歯がある。葉柄は長くて淡紅色を帯びる。果実は広楕円形，果肉はキウイフルーツに似て緑色で食べられる。マタタビ科【上左：2014/5/3 奄美市，上右：2016/9/16 大和村】

ホウライカズラ *Gardneria nutans* 分布：本州（千葉県以西）～琉球／ 山地に生える常緑藤本。枝は緑色。葉は対生し，葉身は革質で表面に光沢があり，全縁で縁は大きく波打つ。花は下向きに咲き，白色のち黄色で５枚の花冠裂片はくるりとそり返る。果実は球形で赤熟する。マチン科【右：2012/4/1 県本土（薩摩半島）】

つる植物

ヒョウタンカズラ　危惧Ⅰ　*Coptosapelta diffusa*　分布：琉球（奄美大島以南）／　林縁に生える常緑木本性つる植物。茎は細くて弱々しく，若枝には毛が密生する。葉は対生し，葉身は革質で全縁，先は尖り，両面には毛が散生する。初夏の頃，緑白色の花が葉腋から垂れ下がってつく。果実は扁球形で黄色に熟す。アカネ科【2016/12/18 徳之島】

ホルトカズラ　*Erycibe henryi*　分布：大隅半島南部～琉球／　林内に生える全体無毛の常緑木本性つる植物。小枝は灰白色。葉は互生し，葉身は革質で表面にやや光沢があり，全縁で先は短く尖り，基部は鋭形で葉柄はしばしば黒紫色を帯びる。花序は腋生し，夏に白色の花を多数つける。花冠は漏斗状で深く5裂し，さらにその裂片の先は2裂する。果実は長楕円形でホルトノキに似る。ヒルガオ科【上：2016/12/18 徳之島】

ハマニンドウ　*Lonicera affinis*　分布：本州（中国地方）・四国～琉球／　山地の林縁に生える半常緑の木本性つる植物。枝は帯赤褐色で無毛，若枝ではときに有毛。葉は対生し，葉身は卵形で全縁，両面無毛で裏面は粉白色を帯びる。花序は腋生し，花冠は唇形で白色のち黄色を帯びる。花冠から突き出る雄しべと雌しべが目立つ。果実は球形で黒熟する。スイカズラ科【上左（花）：2015/5/6 瀬戸内町，上右（果実）：2015/11/23 大和村】

コンロンカ *Mussaenda parviflora* 分布：屋久島・種子島～琉球／ 低地から山地の林縁で普通に見られる常緑の半つる性木本で，茎はややつる状になって伸びる。葉は対生。葉身は表面にやや光沢があり，先は鋭尖頭で全縁，裏面は側脈が凸出して葉脈がよく見える。托葉は糸状。花序は頂生し，黄色の花をつけるが，外側の花では５個の萼片のうち１個が花弁状に大きくなり，白色を呈してよく目立つ。果実は楕円形。奄美の初夏を印象づける代表的な花である【上左：2015/5/3 奄美市，上右：2015/5/6 瀬戸内町】

ハナガサノキ *Gynochthodes umbellata* 分布：屋久島・種子島～琉球／ 山地の林縁に生える常緑つる性木本で枝は紫褐色を帯びる。葉は対生し，葉身は革質で全縁，表面に光沢があり，先は短く突き出る。花序は頂生し，緑白色の小さな花を数個つける。果実は橙色に熟す【上左（花）：2016/5/22 大和村，上右（果実）：2015/1/25 奄美市】

つる植物

シラタマカズラ *Psychotria serpens* 分布：本州（和歌山県）・四国南部・九州南部～琉球／ 低地から山地まで普通に見られる常緑つる性木本。枝から付着根を出し，樹幹や岩をよじ登る。葉は対生し，葉身はやや肉質で両面無毛, 側脈は不明瞭で全縁。花序は頂生し，白くて小さな花をつける。果実は球形で白熟し，よく目立つ。アカネ科【2016/12/11 奄美市】

オキナワテイカカズラ *Trachelospermum gracilipes* var. *liukiuense* 分布：九州南部～琉球／山地で普通に見られる常緑つる性木本。付着根で樹幹や岩をよじ登り，上部で繁茂して枝を垂らす。葉は対生し，葉身は両面無毛で全縁，裏面は細脈が目立つ。花序は腋生し，花冠は白色で風車状の５裂片がある。２個の細長い袋果はＶ字状に開き，熟すと裂開して中から白毛をつけた種子があらわれる。よく似たケテイカカズラは葉の裏面や葉柄に毛が多い。キョウチクトウ科【右（花）：2015/5/16 大和村,（果実）2016/1/4 大和村】

サカキカズラ *Anodendron affine* 分布：本州（千葉県以西）～琉球／ 山地に生える常緑つる性木本。枝はやや紫色を帯びて艶がある。葉は対生し，葉身は狭長楕円形で革質，全縁で表面には光沢がある。花序は頂生または腋生し，花冠は淡黄色で５深裂して裂片はねじれる。180度に開出した２個の袋果は熟すと裂開し，白毛をつけた種子があらわれて風に乗って散布される。キョウチクトウ科【左（花）：2016/3/21 徳之島町，下（果実）2016/9/10 瀬戸内町】

アマミイケマ　危惧Ⅰ　*Cynanchum boudieri*　分布：琉球（奄美大島・徳之島・沖永良部島）／　林縁に生える多年生のつる草。葉は対生し，葉身は紙質で卵形～三角状卵形，鋭尖頭で基部は心形，長い葉柄がある。花序は腋生し，花冠は淡黄緑色で淡黄白色の副花冠が目立つ。袋果は単生し，長さ８㎝程度【2015/8/30 奄美大島】

サクララン　*Hoya carnosa*　分布：九州南部～琉球／　海岸近くから山地にかけて普通に見られる多肉質の多年生つる草。茎は太く，節から下根して樹幹や岩をよじ登る。葉は対生し，葉身は楕円形で厚く，両面無毛で全縁。花序は腋生し，紅色を帯びた白色の花を密につける。紅色の副花冠がよく目立つ【2015/6/7 奄美市】

ソメモノカズラ　*Marsdenia tinctoria* var. *tomentosa*　分布：九州南部～琉球／　林縁に生える多年生のつる草。葉は対生し，先は鋭頭で基部は円形または浅心形，乾くと青黒く変色する。花序は腋生し，白色～黄色のつぼ形の花が密生する【2014/9/7 喜界町】

キジョラン *Marsdenia tomentosa*　分布：本州（関東地方以西）〜琉球／　山地の林縁に生える多年生のつる草。葉は対生し，葉身は長さ10㎝前後とやや大きく，円形で質もやや厚いことから，葉だけでも容易に見当がつく。花序は腋生し，釣鐘状の白い小さな花をつける。袋果は楕円形でやや太い。和名は，長い白毛がついた種子を髪を振り乱した鬼女に見立てたことによる【2016/12/18 徳之島町】

シタキソウ *Jasminanthes mucronata*　分布：本州（千葉県以西の太平洋側）〜琉球／　山地に生える多年生のつる草。葉は対生し，葉身は紙質でやや厚く，卵状楕円形で鋭尖頭，基部は浅心形。花序は腋生し，白い花を数個つける。花はジャスミンに似て芳香がある【上（葉）:2016/1/16 奄美市,（花）:2018/6/3 県本土（薩摩半島）】

ホウライカガミ *Parsonsia alboflavescens*　分布：琉球／　林縁に生える全体無毛の多年生つる草。葉は対生し，葉身は厚い革質で卵形〜長楕円形，鈍頭で基部はやや円く，側脈は裏面で隆起する。花序は腋生し，花冠は淡黄白色で５裂し，裂片は平開する。袋果は披針状円筒形で２個に分かれ，種子には長い白毛がある。オオゴマダラの食草であり，喜界島がオオゴマダラとホウライカガミの北限であることから，喜界町ではオオゴマダラ保護条例を制定し，その保護に努めている【上左：2016/11/26 喜界町，上右：2016/9/25 喜界町】

ツルモウリンカ *Vincetoxicum tanakae* 分布：九州南部～琉球／ 海岸の草地や林縁に生える多年生草で茎はつる状に長く伸びるが，隆起サンゴ礁や海岸岩場では矮性化する傾向にある。葉は対生し，葉身は厚く，両面は茎とともに有毛。花序は腋生し，花序軸があって淡黄色の花をやや密につける。袋果は披針形。隆起サンゴ礁上に生えるヒメイヨカズラは茎の高さが20㎝内外で直立し，花序軸がほとんど発達しない【左上：2016/9/17 奄美市，左（袋果）：2014/11/8 瀬戸内町，上：2015/8/29 瀬戸内町】

イヨカズラ *Vincetoxicum japonicum* 分布：本州～琉球（奄美群島）／ 海岸近くの草地に生える多年草。茎は直立し，先はつる状になることもある。葉は対生し，葉身はやや厚く，楕円形で茎の先端に向かって徐々に小さくなる。花序は腋生し，明らかな花序軸があって淡黄白色の花をやや密につける。袋果は広楕円形【2014/5/17 大和村】

トキワカモメヅル *Vincetoxicum sieboldii* 分布：四国～琉球／ 山地の林縁に生える全株ほぼ無毛の多年性のつる草。葉は対生し，葉身は薄い革質で表面に光沢がある。花序は腋生し，花序軸や花柄は暗紫色を帯びる。花冠は暗紫色。袋果は披針形でふつう１個つく【2016/5/22 大和村】

ハマヒルガオ *Calystegia soldanella* 分布：北海道～琉球／ 海岸の砂浜に生える多年生のつる草。砂中の地下茎は長く伸び，地上茎は砂上をはう。葉は互生し，葉身は腎心形で質やや厚く，無毛で光沢がある。花は葉腋に単生し，花冠は淡紅白色で中心部は白く，その基部は黄色く染まる。果実は球形で種子は黒い【左：2016/4/14 知名町】

ソコベニヒルガオ *Ipomoea littoralis* 分布：琉球（奄美大島以南）／ 海岸でよく見かける多年生のつる草。葉は互生し，葉身は三角状狭卵心形で全縁または一部が歯牙状になり，質やや厚く無毛。花は葉腋に単生し，花冠は淡紅紫色で中心部は濃紅色【上左：2016/11/23 奄美市】

アメリカネナシカズラ *Cuscuta campestris* 分布：北海道～琉球／ さまざまな草に寄生する一年生のつる草。全体黄褐色で葉緑素はなく，細い針金状の茎から吸盤を出して絡みつき，宿主の養分を吸収する。花は白色でかたまってつく。海岸でよく見るスナヅル（104頁）は，茎が太く黄緑色なので区別がつく【上右：2016/9/24 大和村】

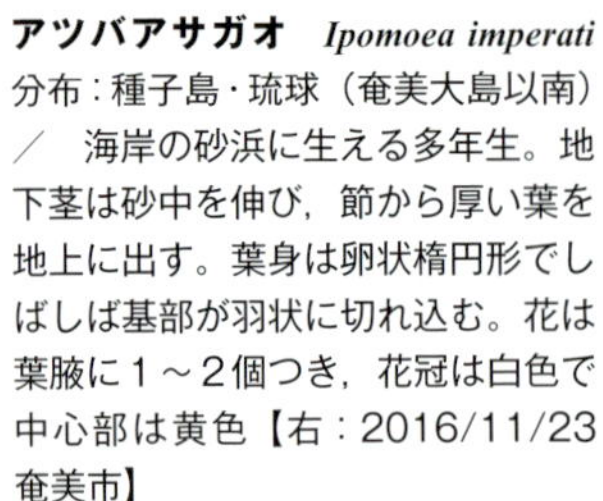

アツバアサガオ *Ipomoea imperati* 分布：種子島・琉球（奄美大島以南）／ 海岸の砂浜に生える多年生。地下茎は砂中を伸び，節から厚い葉を地上に出す。葉身は卵状楕円形でしばしば基部が羽状に切れ込む。花は葉腋に1～2個つき，花冠は白色で中心部は黄色【右：2016/11/23 奄美市】

グンバイヒルガオ *Ipomoea pes-caprae* 分布：四国・九州南部～琉球／ 海岸の砂浜に群生する多年生のつる草で茎は地表をはう。葉は互生し，葉身は軍配形で質厚く，先は大きく凹み，左右から少し内側に折れる。花は葉腋に1～3個ついて次々に咲く。花冠は紅紫色で中心部の色は濃くなる。果実は扁球形。種子には密に毛があって水に浮きやすく，海流によって散布される。サツマイモ属（*Ipomoea*）はさつまいもの重大害虫であるアリモドキゾウムシの寄主植物であるため，南西諸島からの移動が規制されている【左：2015/7/19 龍郷町】

ノアサガオ *Ipomoea indica* 分布：本州（紀伊半島・伊豆諸島）・四国南部・九州（西部・南部）～琉球／ 海岸から人里，山地の林縁でよく見かける多年生のつる草。葉は互生。茎と葉には圧毛があり，葉身は心形で鋭頭，分裂しない。花は葉腋に数個つき，花冠は淡青紫色で夕方には紅変してしぼむ。萼片は先が長く尖るが，観賞用のアサガオのように反曲しない【2016/4/30 徳之島町】

モミジヒルガオ *Ipomoea cairica* 分布：琉球（奄美大島以南）／ 人里や山地の林縁に生える熱帯アメリカ原産の多年生つる草で全体無毛。花が鮮やかで観賞用に栽培されたが，逸脱して野生化し，他物に覆い被さるように繁茂しているのを見かける。葉は互生。葉身は5～7全裂し，裂片は卵形で先は細く尖がり，基部は狭くなる。花は腋生し，花冠は紅紫色で中心部の色は濃くなる【2015/7/19 龍郷町】

つる植物

マルバノホロシ　危惧Ⅰ

Solanum maximowiczii　分布：本州（関東地方以西）～琉球／　山地の林縁に生える多年生つる草。葉は互生し，茎とともに無毛。葉身は長楕円形で全縁，先はやや細くなって伸びる。花序は葉の反対側から出て，淡紫色の花をまばらにつける。花冠は5深裂し，裂片はそり返る。果実は球形で紅色に熟す。同属のつる草であるヒヨドリジョウゴは全体に軟毛が密生し，葉身の下部に深い切れ込みがある。ナス科【右：2015/10/3 奄美大島】

ヘクソカズラ　*Paederia foetida*　分布：日本全土／　海岸から山地にかけての日当たりのよい草地や林縁に生える多年生つる草。茎は左巻きで葉は対生し，葉柄基部には三角形の托葉がある。葉身は楕円形で先はやや尖り，全縁。花序は腋生し，灰白色の花を十数個つける。花冠は鐘形で浅く5裂し，裂片基部と花冠内部は紅紫色を呈する。果実は球形で黄褐色に熟す。和名は葉をもむと悪臭がすることによる。アカネ科【左：2016/6/12 奄美市】

ツルヒヨドリ　*Mikania micrantha*　分布：熱帯アジア・熱帯アフリカ原産／　大型の多年生つる植物で，驚異的な繁殖能力を持ち，絡みつきながら他物を覆い被圧する。茎には長毛がある。葉は対生し，葉身は三角状卵形で先は尾状鋭尖形，基部は深い心形で基部からの3行脈があり，両面無毛で波状鋸歯縁。花序は腋生して白色の頭状花を多数つける。環境省の特定外来生物に指定されている。キク科【2016/12/3 奄美市】

ヒカゲノカズラ *Lycopodium clavatum* var. *nipponicum*　分布：北海道～琉球（奄美大島以北）／　山地の日当たりのよい林縁や林道の法面に生える。茎は二叉分岐し，太い根を下ろしながら地をはい，側枝を立ち上げる。葉は線状披針形で開出し，先は尖る。胞子嚢穂は斜上した枝先から出た長さ10㎝程度の柄に２～４個程度つき，長さ３～４㎝の円柱状で直立する【2016/7/16 大和村】

トウゲシバ *Huperzia serrata*　分布：北海道～琉球／　山地の林内に生える。茎は倒伏した基部から直立し，高さ10㎝程度。葉は狭い披針形で基部はしだいに狭くなって柄はなく，長さ15㎜程度，縁には不明瞭な細鋸歯がある。胞子嚢は葉の基部につき，腎形で黄白色。茎頂付近の脇芽はむかごとなり，これが落ちて新たな個体となる【上：2016/2/6 奄美市】

ミズスギ *Lycopodiella cernua*　分布：北海道～琉球／　山地のやや湿った日当たりのよい崖地や林道の法面に生える。匍匐茎は分岐しながら地表を伸び，その先で着地して下根し，そこから直立する茎を出す。葉はやわらかく，線状披針形で開出し，先は尖る。胞子嚢穂は樹木状に分枝した直立茎の側枝の先について下垂し，長さ５～10㎜【2015/11/15 大和村】

ヨウラクヒバ *Phlegmariurus phlegmaria* 危惧Ⅰ
分布：九州南部～琉球／　山地のよく発達した常緑樹林内の樹幹に着生し，１～２回二叉分岐しながら下垂する。葉は開出してつき，革質で硬く，三角状卵形で全縁，黄緑色を呈する。胞子嚢穂はひも状で枝の先端につき，枝との違いがはっきりしている【左：2016/6/5 奄美大島】

ヒモラン 危惧Ⅰ *Phlegmariurus sieboldii*
分布：本州（伊豆半島以西）～琉球／　山地のよく発達した常緑樹林内の樹幹に着生し，茎はひも状でまばらに二叉分岐しながら下垂する。葉は鱗片状で茎に圧着する。胞子嚢は小枝の葉腋につくが，外見的にはっきりした胞子嚢穂をつくらない。九州南部から琉球にかけて生育するものをリュウキュウヒモラン var. *christensenianum* として区別することもある【上：2016/6/5 奄美大島】

ナンカクラン *Phlegmariurus hamiltonii* 分布：本州（伊豆諸島・伊豆半島・紀伊半島）～琉球／　山地のよく発達した常緑樹林内の樹幹や岩上に着生し，茎は２～３回二叉分岐しながら斜上または下垂する。葉は斜上してつき，やわらかい革質で狭楕円形，全縁，黄緑色で茎中央部付近が最も大きく，枝先に向かって小さくなる。胞子嚢は枝先につくが，ヨウラクヒバのようなはっきりした胞子嚢穂はつくらない【左：2015/1/18 奄美市】

ヒメムカデクラマゴケ *Selaginella lutchuensis* 分布：九州南部～琉球／ 山地の湿った崖や岩上に生える小さなシダ。茎は地にはりつくように匍匐し，ところどころで分岐する。茎の側面から開出する葉（腹葉）は卵状長楕円形で鋭尖頭，長さ1.5㎜程度で下部の縁にはまばらに長毛がある。茎に沿って縦に並ぶ葉（背葉）は卵形で辺縁には白膜があり，先は芒状となる【2016/11/19 奄美市】

アマミクラマゴケ *Selaginella limbata* 分布：琉球（奄美大島）／ 山地の明るい崖地や林道法面で見かけるシダ。主茎は長く伸びてまばらに分岐し，分岐点からは根と茎の両方の性質を持つ担根体を出してやや空間的に繁茂する。腹葉は卵状長楕円形で鋭頭，長さ３㎜程度。背葉は腹葉より小さく，卵形で鋭尖頭。胞子嚢穂は四角柱状で枝先につく【2016/5/29 奄美市】

カタヒバ *Selaginella involvens* 分布：本州～琉球／ 山地の岩場や崖地，樹幹に着生し，垂れ下がるように群生する。茎は３～４回平面的に分岐し，全体的に長卵形の葉身状となる。胞子嚢穂は四角柱状で枝先に１個つく【2015/10/3 宇検村】

オニクラマゴケ *Selaginella doederleinii* 分布：伊豆半島・四国南部・九州南部～琉球／ 山地のやや湿った林内や林縁に生える。茎は斜上して平面的に分岐し，腹葉は濃緑色で密に開出する。胞子嚢穂は四角柱状で枝先に１～２個つく【2015/10/3 宇検村】

ホウライハナワラビ *Botrychium formosanum* 分布：九州南部～琉球／ 山地のやや開けた林内に生える。栄養葉と胞子葉の共通柄となっている部分（担葉体）は，栄養葉の柄とほぼ同長。ハナヤスリ科【2015/2/11 奄美市】

リュウビンタイ *Angiopteris lygodiifolia* 分布：本州（伊豆半島以西）～琉球／ 山地の湿った林縁や谷沿いに生える大型のシダ。胞子嚢群は辺縁から約1㎜内側につき，下行偽脈はあまり伸びない。リュウビンタイ科【2015/1/18 奄美市】

ホソバリュウビンタイ *Angiopteris palmiformis* 分布：琉球／ リュウビンタイよりも全体的に大きく，羽片と小羽片の数も多い。胞子嚢群は辺縁から約1～2㎜内側につき，下行偽脈は中肋近くまで伸びる。リュウビンタイ科【上：2016/12/18 天城町】

コブラン 危惧Ⅰ *Ophioglossum pendulum* 分布：種子島・屋久島～琉球／ 樹幹に着生してねじれるように下垂する。栄養葉は帯状で先の方で叉状に分岐し，胞子葉は棒状で栄養葉の中肋につく。ハナヤスリ科【上左：2016/5/5 奄美大島】

ゼンマイ *Osmunda japonica* 分布：北海道～琉球／ 山地のやや湿った土手や林縁に生える夏緑性のシダ。葉は二形。栄養葉は２回羽状複葉で小羽片は長楕円形。胞子葉は２回羽状複葉で小羽片は線形，胞子嚢が密生して赤褐色を呈し，胞子放出後はすぐに枯れる。ゼンマイ科【上：2016/4/16 大和村】

シロヤマゼンマイ *Osmunda banksiifolia* 分布：本州（伊豆半島以西）～琉球／ 山地のやや湿った崖地や林縁に生える常緑性のシダ。葉は大きなものでは長さ1.5m以上になり，単羽状複葉，革質でかたく，羽片には粗くてかたい鋸歯がある。胞子嚢をつける羽片はその部分だけが極端に幅が狭くなる。和名は鹿児島市の城山で見出されたことによる。ゼンマイ科【下:2016/4/16 大和村】

ウラジロ *Diplopterygium glaucum* 分布：本州～琉球／ 山地の土壌が発達した伐採跡地のような肥沃な撹乱地に群生する。葉は紙質で数対の羽片を出して上方に伸び，高さ１m以上になる。葉は紙質で裏面は白く，正月飾りに使う。ウラジロ科【2016/3/19 大和村】

コシダ *Dicranopteris linearis* 分布：本州～琉球／ 山地の日当たりのよい尾根筋や斜面に群生する。ウラジロよりも小さく，葉の羽片は叉状に分岐する。葉は革質で裏面は白色を帯びる。ウラジロ科【2016/3/27 龍郷町】

オオハイホラゴケ *Vandenboschia striata* 分布：本州（伊豆半島・紀伊半島）・四国（徳島県）～琉球／ 山地の陰湿な岩上に生える。ハイホラゴケよりも大型で，根茎は長くはい，太い針金状で径1.0㎜以上，密に毛がある。葉身は長さ15～20㎝程度。葉身の中軸や羽軸，小羽軸には葉柄とともに幅の広い翼がある。胞子嚢群は裂片に頂生し，包膜はコップ状。【上：2016/5/4 奄美市】

ハイホラゴケ *Vandenboschia kalamocarpa* 分布：本州（伊豆諸島・伊豆半島以西）～琉球／ 山地の陰湿な岩上に生える。根茎は長くはい，細い針金状で径0.8㎜以下，密に毛がある。葉身は長さ5～10㎝程度。葉身の中軸や羽軸，小羽軸には葉柄とともに幅の広い翼がある。胞子嚢群は裂片に頂生し，包膜はコップ状【上：2018/5/27 県本土（薩摩半島）】

リュウキュウホラゴケ *Vandenboschia liukiuensis* 分布：九州南部～琉球／ 山地の陰湿な岩上に生える。根茎はやや長くはい，太い針金状で有毛，径1.0㎜程度。葉身は長さ10～15㎝程度で葉柄や葉身の中軸や羽軸，小羽軸につく翼は幅が狭く，ハイホラゴケやオオハイホラゴケよりも葉身の切れ込みが深くてはっきりしている。胞子嚢群は裂片に頂生し，包膜はコップ状で唇部が反転する【右：2017/1/3 瀬戸内町】

ツルホラゴケ *Vandenboschia auriculata* 分布：本州（伊豆半島・紀伊半島・中国地方）～琉球／ 山地林内の樹幹や岩上を長くよじ上るように生える。根茎は太い針金状で径1.0㎜程度，毛がまばらにある。葉身は長さ20㎝程度で２～３回羽状複葉。胞子嚢群は深裂した裂片に頂生し，包膜はコップ状で胞子嚢床は長く伸びる【上：2015/1/18 奄美市】

オニホラゴケ *Abrodictyum obscurum* 分布:九州南部～琉球／ 山地の陰湿な地上に生える。根茎は短く，オオハイホラゴケのように長くはうことがないため，葉は近接して出る。葉柄には翼がなく，葉身は広三角状披針形で長さ７～13㎝程度。葉身の中軸にはきわめて幅の狭い翼がある。胞子嚢群は裂片に頂生し，包膜はコップ状【上：2016/5/5 瀬戸内町】

シダ植物

リュウキュウコケシノブ *Hymenophyllum riukiuense* 分布：本州（紀伊半島）・四国（高知県）・九州南部～琉球／ 林内の苔むした岩上に生える小型のシダ。根茎はか細い針金状で長くはう。葉身は三角状卵形で長さ4㎝程度。葉柄や葉身の中軸や羽軸，小羽軸には翼があり，翼の縁は著しく縮む。包膜は二弁状で唇部はまばらな歯牙縁【左：2016/5/1 奄美市】

ホソバコケシノブ *Hymenophyllum polyanthos* 分布：本州～琉球／ 林内の苔むした岩上や樹幹に生える小型のシダ。根茎はか細い針金状で長くはう。葉柄は比較的長く，上部にのみ翼がある。葉身は三角状卵形で長さ4～10㎝程度。葉身の裂片は全縁で幅が狭く，中軸や羽軸，小羽軸には翼がある。胞子嚢群は裂片に頂生し，包膜は二弁状で唇部は全縁【右：2016/7/18 大和村】

ウチワゴケ *Crepidomanes minutum* 分布：北海道～琉球／ 湿った岩上や樹幹に生える小型のシダで群生してマット状となる。根茎は細く，有毛で長くはう。葉身は薄く，うちわ状で長さ，幅とも1㎝未満で掌状に深裂する。胞子嚢群は裂片に頂生し，包膜はコップ状【上：2018/11/24 県本土（薩摩半島）】

コウヤコケシノブ *Hymenophyllum barbatum* 分布：本州～琉球／ 林内の苔むした岩上や樹幹に生える小型のシダ。根茎はか細い針金状で長くはう。葉身は卵状長楕円形で長さ3㎝程度。葉身の裂片には不規則な鋸歯があり，中軸や羽軸，小羽軸には葉柄とともに幅の広い翼がある。胞子嚢群は裂片に頂生し，包膜は二弁状で唇部は歯牙縁【上：2015/1/24 大和村】

スジヒトツバ *Cheiropleuria integrifolia* 分布：本州（静岡県以西）〜琉球／ 山地の崖地で見かける。栄養葉の葉身は広卵形で薄くてかたい。胞子葉の葉身は線状披針形。ヤブレガサウラボシ科【2017/1/9 瀬戸内町】

ナガバカニクサ *Lygodium japonicum* var. *microstachyum* 分布：琉球／ 日当たりのよいやぶ地や林縁に生えるつる状のシダ。根茎は匍匐し，そこから出た１枚の葉がつる状に伸びて多数の羽片をつける。頂裂片はカニクサよりも細長い。カニクサ科【2015/11/22 大和村】

キジノオシダ *Plagiogyria japonica* var. *japonica* 分布：本州〜琉球（奄美大島以北）／ 山地の林内に生える。栄養葉の羽片は有柄または無柄で頂羽片は明瞭。キジノオシダ科【上：2015/10/3 宇検村】

タカサゴキジノオ *Plagiogyria adnata* var. *adnata* 分布：本州（伊豆半島以西）〜琉球／ キジノオシダに似るが，栄養葉の羽片基部は中軸に流れ，頂羽片は不明瞭。キジノオシダ科【左：2014/8/10 大和村】

タカワラビ *Cibotium barometz* 分布：琉球（沖永良部島以南）／ 山地のやや明るい谷沿いに生える大型のシダ。根茎は太くて斜上し，長さ2m以上の葉をつける。葉は3回羽状深裂し，裏面は緑白色。胞子嚢群は小羽片裂片の辺縁につき，楕円形で2枚の包膜に挟まれる。タカワラビ科【左と下：2014/8/17 知名町】

ヒカゲヘゴ *Cyathea lepifera* 分布：琉球（奄美大島以南）／ 山地の開けた谷沿いでよく見かける木生のシダ。地下部は水分を好む反面，地上部は日光を好む。茎は高さ4～10mで葉柄の脱落痕が逆八の字に見える。葉は長さ3m以上，葉身は厚い紙質で黄緑色。胞子嚢群は小羽片の中肋寄りにつき，包膜はない。ヘゴ科【左：2015/11/23 大和村，（茎）：2016/3/13 奄美市，上：2015/3/8 奄美市】

ヘゴ *Cyathea spinulosa* 分布：本州（伊豆半島・紀伊半島）・四国（徳島県・高知県）・九州南部～琉球／ 山地の湿潤な林内に生える木生のシダで高さ２～４m。葉は長さ２m程度で葉柄の表面には刺があって著しくざらつき，葉柄基部は葉が枯れてもそのまま茎に残る。葉身は紙質で緑色【左：2015/5/3 奄美市】

クロヘゴの小羽片【下：2014/8/10 宇検村】

クロヘゴ *Cyathea podophylla* 分布：本州（伊豆諸島）・琉球／ 山地の林内に生える木生のシダ。茎は直立するが，せいぜい１m程度。葉は長さ１～２m。葉身はやや革質で２回羽状複生，羽軸は赤褐色で小羽片には短柄がある。胞子嚢群は円形で小羽軸寄りにつき，包膜はない【右：2014/8/10 宇検村】

チャボヘゴの茎【下：2016/1/31 瀬戸内町】

チャボヘゴ *Cyathea metteniana* 分布：屋久島・琉球／ 山地の湿った崖地や林縁に生える。クサマルハチに似るが，茎は太くて短く匍匐する。葉身は緑色で中部付近が幅広く，卵形で大きいものでは長さ1m以上になり，3回羽状浅～中裂する。【上：2016/2/14 龍郷町】

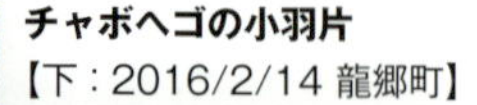

チャボヘゴの小羽片
【下：2016/2/14 龍郷町】

クサマルハチの小羽片【上：2014/7/21 瀬戸内町】

クサマルハチ *Cyathea hancockii* 分布：本州（紀伊半島）・四国（徳島県・高知県）・九州南部～琉球／ 山地の崖地や斜面に生える。ヘゴの仲間だが太い茎はない。葉身は淡緑色で基部が最も幅広く，三角状卵形，大きいものでは長さ50cm程度で3回羽状深裂するが，小さいものでは2回羽状複生となる。葉身の中軸は赤褐色でややジグザグ状となり，表面はざらつく。胞子嚢群は裂片の中肋と辺縁の中間付近につき，円形で包膜はない【左：2014/7/21 瀬戸内町】

ヒメホングウシダ *Lindsaea cambodgensis*
分布：屋久島・琉球／　高地の林内に生える小型のシダ。根茎は細い針金状で長くはい，葉はまばらにつく。葉身は２回羽状複生で長さ３～９㎝，小羽片はへら状倒三角形。胞子嚢群は線形で小羽片の縁のわずか内側につき，包膜がある【上：2016/7/18 宇検村】

エダウチホングウシダ *Lindsaea chienii*　分布：本州（伊豆半島以西）～琉球／　山地の林内に生える。根茎は短く，葉は相接してつく。胞子嚢群をつける葉は葉柄が長く，葉身の1.5倍程度。葉身は２回羽状複生で長さ９～18㎝，小羽片はゆがんだ平行四辺形で辺縁が不規則に切れ込み，頂小羽片はない。胞子嚢群は線形だが，辺縁の切れ込みによって断続的につく【上：2015/10/18 瀬戸内町，右（胞子嚢群）：2015/10/18 瀬戸内町】

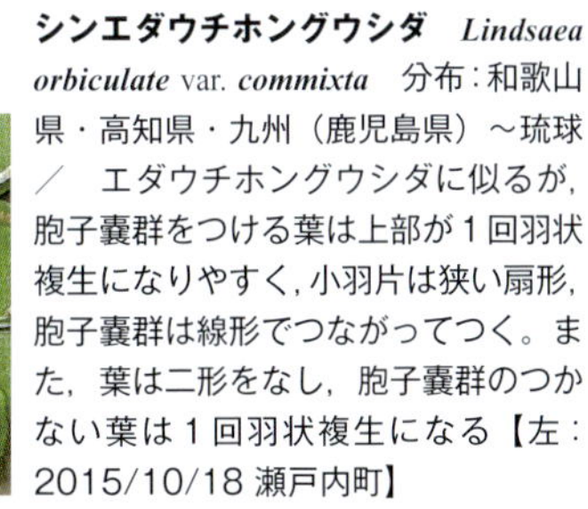

シンエダウチホングウシダ *Lindsaea orbiculate* var. *commixta*　分布：和歌山県・高知県・九州（鹿児島県）～琉球／　エダウチホングウシダに似るが，胞子嚢群をつける葉は上部が１回羽状複生になりやすく，小羽片は狭い扇形，胞子嚢群は線形でつながってつく。また，葉は二形をなし，胞子嚢群のつかない葉は１回羽状複生になる【左：2015/10/18 瀬戸内町】

サンカクホングウシダ ***Lindsaea javanensis*** 分布：九州南部～琉球／ 山地の林内に生える。根茎は短く，葉は相接してつく。胞子嚢群をつける葉では，葉身は２回羽状複生で長さ12～26㎝，側羽片の小頂羽片は他の小羽片よりも大きく，狭三角形～三角状披針形。頂羽片も三角状で上部の羽片よりも大きい。大きな株になると全体的に切れ込みが多くなり，頂羽片や側羽片の小頂羽片も小さくなってエダウチホングウシダに似てくる【2015/9/27 龍郷町】

マルバホングウシダ ***Lindsaea orbiculate*** var. ***orbiculata*** 分布：種子島・屋久島・琉球／ シンエダウチホングウシダの基準変種。胞子嚢群をつける葉は１回羽状複生でまれに下部が２回羽状複生となり，羽片は扇形で胞子嚢群は線形でつながってつく【2015/10/3 宇検村】

サイゴクホングウシダ ***Osmolindsaea japonica*** 分布：本州（伊豆半島以西）・四国（愛媛県）・九州～琉球／ 渓流の水しぶきのかかるような岩上に生える小型のシダ。根茎は短く岩上を匍匐する。葉身は１回羽状複生で長さ２～５㎝程度，側羽片はゆがんだ平行四辺形～くさび形。胞子嚢群は羽片の上縁につき，連なって線形となる【2016/5/1 奄美市】

コビトホラシノブ　危惧Ⅰ　***Odontosoria minutula***　分布：琉球（奄美大島）固有／　渓流の湿った岩上で蘚苔類に混じって生える矮小性のシダ。葉は葉柄も含めて2㎝程度と極めて小さく，葉身は2回羽状複生で最終裂片はくさび形。胞子嚢群は裂片の辺縁先端側につき，包膜はポケット状【上：2014/11/16 奄美大島】

ハマホラシノブ　***Odontosoria biflora***　分布：本州（茨城県以南）～琉球／　海岸近くの日当たりのよい崖地や岩隙に生える。葉身は革質でやや多肉となり，2～3回羽状複生で長さ30㎝程度，黄緑色を呈する。胞子嚢群は小羽片の裂片の辺縁先端側につき，包膜はポケット状【上：2016/9/10 瀬戸内町】

ホラシノブ　***Odontosoria chinensis***　分布：本州（岩手県以南）～琉球／　山地のやや日当たりのよい林縁や崖地に生える。葉身はやや革質，3～4回羽状複生で長さ40㎝程度，黄緑色～緑色でときに紅紫色を帯びる。胞子嚢群は小羽片の裂片の辺縁先端側につき，包膜はポケット状【上と右（胞子嚢群）：2015/9/27 龍郷町】

ワラビ ***Pteridium aquilinum*** subsp. ***japonicum***
分布：北海道～琉球／　山地の明るい林縁に生え，根茎を地中長くのばして群生する。葉身は三角状卵形で３回羽状複生，黄緑色で両面は有毛。胞子嚢群は線形で裂片の辺縁に沿ってつく【上：2016/5/21 瀬戸内町】

ユノミネシダ ***Histiopteris incisa***　分布：本州（伊豆半島・伊豆諸島・紀伊半島）・四国（徳島県）・九州～琉球／　山地の崩壊地や攪乱地に生えるやや大型のシダ。葉身は先端がつる状に伸長し，２～３回羽状複生，表面は鮮緑色で裏面は灰白色，羽片の最下１対の小羽片は托葉状となる。胞子嚢群は線形で裂片の辺縁に沿ってつく【上と下：2016/5/22 大和村】

イシカグマ ***Microlepia strigosa***　分布：本州（関東地方以西）～琉球／　山地のやや湿った明るい林縁や林内に生える。葉身は２回羽状複生，黄緑色で葉軸裏面には毛が密生する。胞子嚢群は裂片の辺縁につき，包膜はポケット状。葉をもむと特有の臭いがする【左：2015/9/27 龍郷町】

マツサカシダ *Pteris nipponica*
分布：本州（宮城県以南）～琉球／　山地の岩場や林内に生える。葉はやや二形。栄養葉は薄い革質で線状長楕円形の頂羽片と１～３対の羽片があり，鋸歯縁で表面羽軸に沿って斑が入る。胞子葉は葉柄が著しく長くなり，頂羽片と羽片はともに幅が狭くてやや細長くなる【右：2016/12/17 伊仙町】

リュウキュウイノモトソウ *Pteris ryukyuensis*
分布：九州（鹿児島県南部）～琉球／　山地のやや明るい岩場や林縁，集落の石垣などに生える。葉は二形。葉身は薄い革質で１回羽状複生または下部のみ２回羽状複生。栄養葉は線状長楕円形の頂羽片と１～２対の側羽片があり，縁は波状鋸歯縁。胞子葉は葉柄が著しく長くなり，頂羽片と側羽片は線形，胞子嚢群は線形で羽片の辺縁につく。よく似たイノモトソウは，栄養葉と胞子葉ともに上部の羽片の基部が葉軸に流れて翼となるので区別がつく【左：2016/11/19 奄美市】

ホコシダ *Pteris ensiformis*　分布：九州南部～琉球／　山地の林縁や岩場に生える。葉は二形をなし，葉身は紙質で２回羽状複生。栄養葉には数対の小羽片があり，小羽片は楕円状～狭披針形で鋸歯縁。胞子葉は葉柄が著しく長くなり，頂羽片と側羽片は線形，側羽片は３～５対。胞子葉には翼はないが，栄養葉には狭い翼がある【右:2016/9/10 宇検村】

モエジマシダ *Pteris vittata* 分布：本州（紀伊半島）～琉球／ 明るい林縁に生える。葉身は薄い革質で１回羽状複生，頂羽片は明瞭で下部の側羽片は著しく短くなる【2016/9/7 奄美市】

ホソバイワガネソウ 危惧Ⅰ *Coniogramme gracilis* 分布：琉球（奄美大島）固有／ イワガネソウに比べ，羽片の幅が２㎝以下と狭い【2016/5/4 奄美大島】

アマクサシダ *Pteris semipinnata* 分布：本州（関東地方以西）～琉球／ ２回羽状深裂し，側羽片の前側は裂片が一部欠ける。葉柄と葉軸は赤褐色で光沢がある【2016/5/29 宇検村】

オオアマクサシダ *Pteris alata* 分布：種子島・屋久島～琉球／ アマクサシダよりもやや大きく，側羽片の前側は基部に突起がある程度で，裂片はなく全縁となる【2016/9/10 宇検村】

ハチジョウシダモドキ *Pteris oshimensis* 分布：本州（千葉県以西）～琉球／ 山地の林内や林縁に生える。葉は草質で黄緑色，２回羽状深裂し，最下羽片の後ろ側に１～２個の長い小羽片がつく。側羽片は８対程度で，側羽片の両端はほぼ平行となり，ハチジョウシダのように中央部の幅が広くなることはない。胞子嚢群は線形で裂片の辺縁につく【左：2016/5/8 宇検村】

ハチジョウシダ *Pteris fauriei* 分布：本州（神奈川県・伊豆半島・伊豆諸島・紀伊半島）・四国～琉球／ 山地の林内や林縁に生える。葉身は2回羽状深裂し，厚い紙質で緑色，最下羽片に１～２個の長い小羽片がつく。側羽片は６対程度で，側羽片の中央部が最も幅広く，基部で少し狭くなる【右：2015/2/6 知名町】

ナチシダ *Pteris wallichiana* 分布：本州（千葉県以西・伊豆諸島）～琉球／ 山地のやや湿った明るい林縁や攪乱地に生える大型のシダ。葉身は黄緑色で草質，全体として五角形状となる。胞子嚢群は線形で裂片の辺縁につき，胞子嚢群のつかない辺縁には微細な鋸歯がある【左：2015/2/21 奄美市】

ホウライシダ *Adiantum capillus-veneris* 分布：本州（関東地方以西）～琉球／ 海岸の崖地や集落周辺の石垣などに生える。葉柄は黒紫色で光沢がある。葉身は薄い草質で黄緑色，小羽片は四辺形状扇形で上側の辺縁は不規則に切れ込み，その裂片の裏側に胞子嚢群がつく。観賞用に栽培される【上：2016/9/25 喜界町】

タチシノブ *Onychium japonicum* 分布：本州（福島県以南）～琉球／ 山地の林縁や林内に生える。葉は３～４回羽状複生で胞子葉は栄養葉よりも葉柄が長く，葉身もやや大きくて切れ込みも深くなる。胞子嚢群は長楕円形で細長い裂片につき，膜状となった葉の縁（偽包膜）で両側から包み込まれる【上：2016/9/4 奄美市】

シシラン *Haplopteris flexuosa* 分布：本州（関東地方以西）～琉球／ 山林の樹幹や岩上に着生して垂れ下がる。葉身は革質で線形，長さ30㎝程度。胞子嚢群は辺縁につき，葉縁は胞子嚢群を包み込むように裏側に巻き込む【左：2016/1/11 天城町】

アマモシシラン *Haplopteris zosterifolia* 分布：九州南部（大隅半島）～琉球／ 山林の樹幹に着生して長く垂れ下がる。葉身はやわらかい革質で線形，長さはふつう50㎝以上になる。胞子嚢群は葉縁の外側に向かう面が溝になり，その溝につく【右：2015/1/18 奄美市】

マツバラン ***Psilotum nudum*** 分布：本州（宮城県以南）～琉球／ 海岸岩場の割れ目や山地の樹幹に着生する。根と葉はなく，根茎と地上茎からなる。地上茎は立体的に2叉状に分岐し，明らかな稜があって鱗片状の小突起が散生する。胞子嚢群は3室に分かれ，熟すと黄色になる。マツバラン科【左：2016/12/18 天城町，上：2014/8/24 奄美市】

ナンゴクホウビシダ ***Hymenasplenium murakami-hatanakae*** 分布：本州（伊豆諸島・紀伊半島）・四国（高知県）・九州～琉球／ 渓流沿いの陰湿な崖地や岩上に群生し，根茎は径2㎜程度で長く横走する。葉は1回羽状複生で葉柄と中軸は紫褐色で光沢があり，側羽片はゆがんだ四辺形で先は鎌状に曲がる。胞子嚢群は線形で羽片の辺縁寄りにつく。チャセンシダ科【左と上：2016/6/5 奄美市】

谷沿いの樹幹に着生するシマオオタニワタリ 【2014/9/13 奄美市】

シマオオタニワタリ *Asplenium nidus*　分布：種子島・屋久島～琉球／　山地の渓流や谷沿いの樹幹や岩上に着生する。葉は塊状の根茎から放射状に出て，葉柄は葉身に比べ極めて短く，葉身は革質で長さ1m以上になる。胞子嚢群は線形で中肋から葉縁に向かって伸びるが，中肋と葉縁の半分以上に伸びることはない。オオタニワタリと比べると葉の長さに対して幅が狭く，葉先が少し狭くなって伸び，葉の展開する様子がややだらしなく見える【2014/8/16 奄美市】

オオタニワタリ
Asplenium antiquum　分布：本州（伊豆諸島・紀伊半島）四国（徳島県・高知県）・九州～琉球／　シマオオタニワタリと同じような環境に生育するが，シマオオタニワタリよりも個体数はかなり少ない。胞子嚢群は線形で中肋から葉縁近くまで伸びる【2015/1/18 奄美市，（胞子嚢群）：2015/12/5 奄美市】

カミガモシダ *Asplenium oligophlebium* var. *oligophlebium*　分布：本州（伊豆半島以西）～琉球（奄美大島・徳之島）／　高地の岩上に着生する繊細なシダ。葉柄は紫褐色で光沢があり，葉身は1回羽状複生で先端は伸長し，無性芽をつける。羽片は三角状長楕円形で深く切れ込み，基部内側の張り出した裂片が目立つ【2016/9/18 大和村】

コウザキシダ *Asplenium ritoense* 分布：本州（千葉県以西）～琉球／ 山地のやや湿った崖地や岩上に生える。葉は3回羽状深裂し，質はやや厚くてやわらかい。胞子嚢群は長楕円形で裂片に1個ずつつく【左：2016/5/29 宇検村，下：2014/12/14 奄美市】

クルマシダ *Asplenium wrightii* 分布：本州（神奈川県以西）～琉球／ 山地のやや湿った林内に生える中型のシダで，大きいものでは葉柄も含めて長さ1mに達する。葉は1回羽状複生，濃緑色で表面に光沢があり，質はやや厚くてやわらかく，羽片は鋸歯縁で先が鎌状に曲がる。胞子嚢群は線形で羽片の中肋と辺縁の中間ぐらいにつく【下：2014/7/21 瀬戸内町】

ヌリトラノオ *Asplenium normale* 分布：本州（茨城県以南）～琉球／ 山地のやや乾いた林内に生える。葉柄と葉軸は光沢のある暗紫褐色，葉身は紙質で１回羽状複生，羽片は狭三角状楕円形で辺縁は不規則に切れ込み，基部は切形で前側が耳状となる。胞子嚢群は長楕円形で羽片の中肋と辺縁の中間からやや辺縁寄りにつく。葉の先端の中軸上に無性芽をつけやすい【左と下：2014/7/5 大和村】

アオガネシダ *Asplenium wilfordii* 分布：本州（関東地方以西）～琉球／ 山地の樹幹や岩上に着生する。葉柄は表側が緑色で裏側が黒褐色をなし，葉身はかたい紙質で２～３回羽状複生，裂片はくさび形で前縁が歯牙縁となる。胞子嚢群は長楕円形で裂片に１個つく【右と上：2015/1/18 奄美市】

アラゲヒメワラビ *Macrothelypteris torresiana* var. *torresiana* 分布：本州（伊豆諸島）・四国（愛媛県・高知県）・九州〜琉球／ 山地の明るい林縁に生える。葉柄と葉軸はわら色。葉身は黄緑色で草質，3回羽状深裂し，裏面や葉軸には長い白毛が目立つ。胞子嚢群は円形で裂片の中肋と辺縁の中間につく【2016/7/16 大和村】

ミミガタシダ *Phegopteris subaurita* 分布：屋久島・琉球／ 山地の明るい林縁や川岸に生える。葉柄は赤褐色で光沢があり，葉身は2回羽状深裂し，裏面は毛が目立つ。下部羽片はしだいに短くなり，羽片は無柄で基部の下側の裂片が長く張り出す。胞子嚢群は円形〜楕円形【上と下右：2014/5/3 奄美市】

コウモリシダ *Thelypteris triphylla* var. *triphylla* 分布：種子島・屋久島〜琉球／ 山地の林内に生え，根茎は長く横走してまばらに葉をつける。葉身はややかたい草質でふつう大きな頂羽片と1対の側羽片からなる。葉柄は長く，胞子嚢群をつける葉では特に長くなる。葉脈は網目状で胞子嚢群は側脈をつなぐ小脈に沿って線状につく【左：2016/12/18 天城町】

テツホシダ ***Thelypteris interrupta*** 分布：本州（伊豆半島以西）・四国（徳島県・高知県）〜琉球／ 日当たりのよい湿地に生え，長く横走する根茎を出して群生する。葉はやわらかい革質で２回羽状浅裂し，明瞭な頂羽片がある【上：2016/10/29 奄美市】

ヒメミゾシダ ***Thelypteris gymnocarpa*** subsp. ***amabilis*** 分布：本州（三重県・広島県）・四国（愛媛県・高知県）・九州北部・屋久島・琉球／ 渓流の岩隙に生えるやや小型のシダ。葉は葉柄も含めて15〜25㎝程度。葉身は草質で１回羽状深裂するが，下部の羽片は数対が無柄で独立し，葉軸や羽軸には毛が密生する。胞子嚢群は楕円形で包膜はない【上：2016/5/8 宇検村】

ヒメハシゴシダ ***Thelypteris cystopteroides*** 分布：本州（伊豆半島以西）〜琉球／ 山地の林内に生える小型で繊細なシダ。根茎は横走し，まばらに葉をつける。葉は葉柄も含めて５〜15㎝程度。葉身は２回羽状浅裂するが，羽片基部の上側裂片は深裂しやすく，下部の羽片は短くなり，羽片は鈍頭で胞子嚢群は楕円形〜円形，両面とも毛が散生し，葉軸にはやや毛が密生する【2015/12/5 奄美市】

シダ植物

イブキシダ *Thelypteris esquirolii*　分布：本州（栃木県以南）～琉球／　山地の渓流近くに生える。葉身は紙質で２回羽状深裂し，下部羽片の数対は著しく縮小して痕跡状につく。羽片の基部には通気孔と呼ばれる突起があり，胞子嚢群は円形で裂片の辺縁寄りにつく。琉球のものは葉が１m以上と大型になり，オオイブキシダとして区別することがある【下と右（通気孔）：2016/3/5 奄美市】

ケホシダ *Thelypteris parasitica*
分布：本州（神奈川県）・四国（愛媛県·高知県）～琉球／　路傍や林道脇に雑草のように生える。葉身は黄緑色で草質，２回羽状中裂し，両面とも白色の軟毛があり，特に葉軸と羽軸に多い。下部の羽片はやや下向きにつき，上部の羽片は急に短くなるが，ホシダのように明瞭な頂羽片にはならない。胞子嚢群は円形で裂片の辺縁寄りにつく【2015/2/7 知名町】

ホシダ *Thelypteris acuminata*
分布：本州（福島県以南）～琉球／　本土では至るところで普通に見かけるが，奄美ではケホシダより見る機会が少ない。葉身は緑色で紙質，上部の羽片は急に短くなり，頂羽片となる。胞子嚢群は円形で裂片のやや辺縁寄りにつく【2015/9/27 龍郷町】

ヒリュウシダ ***Blechnum orientale*** 分布：屋久島～琉球／ 崖地や林縁に生える大型のシダで全体の長さは１～２m程度。葉は革質で１回羽状複生，羽片は柄が無く，線形で全縁，下部の羽片は痕跡状になる。胞子嚢群は線形で羽軸に沿って伸びる。展開中の葉は淡紅色を帯び，羽片の先がくるりと巻いて美しい【上（草姿）：2016/1/31 瀬戸内町，上（若葉）：2015/11/21 奄美市】

ハチジョウカグマ ***Woodwardia prolifera*** 分布：本州南部・四国（高知県）～琉球／ 崖地から垂れ下がるように生える大型のシダで全体の長さは２m近くになる。葉は革質で厚く，２回羽状深裂し，裂片の先は細く尾状にとがる。葉の表面には無性芽がつくことがある。胞子嚢群は楕円形で裂片の中肋に沿ってつく。若い葉は全体的に紅紫色を帯びて美しい【右：2015/7/11 奄美市】

ヘラシダ *Deparia lancea* 分布：本州（福島県以南）～琉球／ 山地のやや陰湿な崖や土手に生え，根茎を長く横走させて群生する。葉身は単葉で革質，縁は全縁～波状縁で葉身の半分ぐらいかそれよりもやや長い葉柄がある。胞子嚢群は線形で葉脈に沿って葉縁近くまで伸びる【左：2016/3/27 奄美市，（胞子嚢群）：2015/9/27 龍郷町】

ノコギリヘラシダ *Deparia* × *tomitaroana* 分布：本州（房総半島～紀伊半島）・四国南部～琉球／ ヘラシダとナチシケシダの雑種で，山地のやや湿った林内に生える。葉身は単葉で紙質，鈍鋸歯縁で下部ほど深く切れ込み，最下部では数対が独立した羽片となる。胞子嚢群は長楕円形～線形【下：2016/11/12 知名町】

ナチシケシダ *Deparia petersenii* var. *petersenii* 分布：本州（新潟県以南）～琉球／ 山地の林縁に生える。葉身は草質，青白い緑色で光沢はなく，2回羽状深裂し，先は急に狭くなり，羽片は先が細く尾状になってやや曲がる。胞子嚢群は狭長楕円形で包膜の縁は不規則に裂ける【左と下左：2014/12/14 奄美市】

本種の葉形は変化に富み，渓流の岩上には葉全体の長さが10～15㎝程度で葉幅の狭い**コシケシダ**と呼ばれる型のものが生育している【下右と下中：2014/11/16 奄美市】

キノボリシダ ***Diplazium donianum*** var. ***donianum*** 分布：屋久島～琉球／ 山地のやや乾いた林床に生え，横走する根茎から葉を近接して出すが，和名のように木に登ることはない。葉柄は暗褐色。葉身はかたい紙質で１回羽状複生，側羽片は単柄があり，頂羽片は側羽片とほぼ同形同大，羽片は全縁または先端付近で微鋸歯縁となる。胞子嚢群は線形で中肋付近から葉脈に沿って葉縁近くまで伸びる【左と上：2014/7/21 瀬戸内町】

アツバキノボリシダ ***Diplazium donianum*** var. ***aphanoneuron*** 分布：種子島・屋久島・琉球／基準変種のキノボリシダとは，葉質がやや厚くて羽片の裏面を透かしても葉脈がはっきり見えない点で区別される【右と下:2014/8/31 瀬戸内町】

キレバキノボリシダ ***Diplazium lobatum*** 分布：屋久島・琉球／ 山地のやや湿った林床に生える。キノボリシダよりもやや大きく，葉身はやわらかい革質で羽片には不明瞭な低鋸歯があり，頂羽片の基部は深く切れ込んで数対の裂片となる。胞子嚢群は線形【左：2016/12/18 天城町】

ホソバノコギリシダ ***Diplazium fauriei*** 分布：本州（伊豆半島以西）～琉球／ 山地の林内に生える。葉柄は黒褐色。葉身は紙質でよく似たミヤマノコギリシダと比べるとややかたく，２回羽状浅裂する。胞子嚢群は狭長楕円形で中肋に接するようにつく傾向がある【2014/7/5 大和村】

ヒロハミヤマノコギリシダ ***Diplazium griffithii*** 分布：琉球／ 山地の林内に生える。葉柄は黒褐色。葉身は紙質，表面は深緑色でやや光沢があり，下部では２回羽状複生だが上部では羽状深裂し，最下羽片の柄は上部の羽片と比べると明らかに長くなる。胞子嚢群は狭長楕円形でやや中肋寄りにつく【2016/1/16 奄美市】

ニセシケチシダ *Diplazium incomptum* 分布：屋久島～琉球／ 山地の林内に生える。葉柄は褐色で表面には溝がある。葉身はやや厚い草質で２回羽状複生，最下羽片はやや短くなり，小羽片は鈍頭で基部は羽軸に流れる。胞子嚢群は線形で中肋から辺縁近くまで伸びる【下と右：2014/8/31 瀬戸内町】

ハンコクシダ *Diplazium pullingeri* 分布：屋久島・琉球／ 山地の林内に生える。葉柄は褐色で，葉軸や羽軸とともに汚白色の毛が密生する。葉身は草質で１回羽状複生，羽片は葉身の中央付近で最も長く，下部の羽片はしだいに短くなり，羽片基部の前側は耳状に張り出す。胞子嚢群は線形で中肋から辺縁近くまで伸びる【左と下：2014/7/5 大和村】

ヒロハノコギリシダ【左と上：2015/9/13 奄美市】

ヒロハノコギリシダ【上：2016/5/5 瀬戸内町】

ヒロハノコギリシダ ***Diplazium dilatatum*** var. ***dilatatum*** 分布：本州（神奈川県以西）～琉球／ 山地の谷筋や湿った林内に生える大型のシダ。大きいものでは全体の長さが２ｍ近くに達し，ときに群生する。根茎は太くて短く直立する。葉柄は緑褐色で基部には縁が黒褐色になった褐色の鱗片が密にある。葉身は紙質でふつう２回羽状複生～３回羽状浅裂であるが，小さいものは葉身の上部と同じような２回羽状浅裂となる。小羽片は有柄で狭長楕円形，先は尾状に狭くなる。胞子嚢群は線形で裂片の中肋に接するようにつき，やや長く伸びる【右上：2014/7/12 奄美市】

シマシロヤマシダ *Diplazium doederleinii* 分布：本州（神奈川県以西）～琉球／ 山地の谷筋や湿った林内に生える大型のシダ。根茎は太くて横にはう。葉柄は緑色で基部に鱗片がまばらにつく。葉身は草質で3回羽状浅裂し，小羽片はほぼ無柄で長楕円形，先は狭くなって尖るが，ヒロハノコギリシダのように尾状に狭くなって伸びない。胞子嚢群は線形で裂片の中肋に接するようにつくが，あまり長く伸びない。よく似たシロヤマシダの胞子嚢群は裂片の中肋と辺縁の中間につく【2016/5/5 瀬戸内町】

シマシロヤマシダ 根茎は太くて横にはう【上：2016/5/5 瀬戸内町】

シマシロヤマシダ【上：2016/5/5 瀬戸内町】

アマミシダ ***Diplazium amamianum*** 分布：琉球（奄美大島固有）／ ヒロハノコギリシダやシマシロヤマシダの生育環境と同じような場所に生える大型のシダで，全体の長さが1.5m程度になる。根茎は太くて直立し，明らかな幹状になって地上から立ち上がることもある。葉柄は緑褐色で基部の鱗片はほとんど見当たらない。葉身は草質で3回羽状深裂し，小羽片の裂片にははっきりした鋸歯がある。胞子嚢群は線形で裂片の中肋に接するようにつく【左：2014/8/16 奄美市】

アマミシダ【上右と上左：2014/8/16 奄美市】

ヨゴレイタチシダ *Dryopteris sordidipes* 分布：四国（高知県）・九州南部～琉球／ 山地のやや乾いた林床に生える。和名は葉柄や葉軸・羽軸に黒褐色の鱗片が密に圧着してつき，汚れているように見えることによる。葉身は暗緑色で紙質，最下羽片では下向きの第１小羽片が最大となる【2015/1/12 奄美市】

リュウキュウイタチシダ *Dryopteris sparsa* var. *ryukyuensis* 分布：本州（伊豆諸島・中国地方）・四国南部・九州～琉球／ 渓流沿いの崖地に生え，他のイタチシダの仲間と比べると華奢に感じられる。葉柄基部の鱗片はまばらで，葉身に鱗片は見られない。葉身は鮮緑色でやわらかい紙質，裏面では短腺毛が目立つ【2016/5/8 宇検村】

ヨゴレイタチシダ
胞子嚢群は小羽片の中肋と辺縁の中間につき，包膜は円腎形【上左：2015/1/12 奄美市】

リュウキュウイタチシダ
胞子嚢群は羽片や小羽片の中肋と辺縁の中間からやや中肋寄りにつき，包膜は円腎形【上右：2016/5/8 宇検村】

ホコザキベニシダ
胞子嚢群は小羽片の中肋と辺縁の中間につき，包膜は円腎形【下左：2014/4/12 宇検村】

ホラカグマ
胞子嚢群は小羽片の中肋と辺縁の中肋寄りにつき，包膜は円腎形で有毛【下右：2016/12/17 伊仙町】

ホコザキベニシダ *Dryopteris koidzumiana* 分布：屋久島～琉球に固有／ 山地のやや乾いた林床に生える。和名は葉身の先が急に狭くなってほこ状になることによる。葉柄基部には黒褐色～褐色の鱗片があるが，基部以外では少ない。葉身は紙質で最下羽片の下向き第1小羽片は明らかに小さい【2014/4/12 宇検村】

ホラカグマ *Ctenitis eatonii* 分布：琉球／ 石灰岩地の洞穴で見かける。葉柄基部には線形で褐色の鱗片が密にあり，葉軸と羽軸では開出した線形の鱗片と毛が目立つ。葉身は草質，最下羽片では下向きの第1小羽片が最大となる【2016/12/17 伊仙町】

カツモウイノデ *Ctenitis subglandulosa* 分布：本州（千葉県以西）～琉球／ 山地の湿った林床に生えるやや大型のシダ。葉柄基部では黄褐色の鱗片が密生し，葉軸や羽軸では褐色の鱗片が圧着するようにつく【2014/7/12 奄美市】

カツモウイノデ 胞子嚢群は小羽片の中肋寄りにつき，包膜は円形【下：2014/7/12 奄美市】

コバノカナワラビ *Arachniodes sporadosora* 分布：本州（関東地方以西）～琉球／ 山地のやや乾いた林床に生える。葉身はかたい革質で上部の羽片はしだいに短くなるが，はっきりした頂羽片はない。葉はやや二形，胞子葉は葉柄が長くて裂片も小さくなる。胞子嚢群は中肋寄りにつく【上右：2015/9/22 瀬戸内町】

ヤクカナワラビ *Arachniodes amabilis* var. *amabilis* 分布：本州（伊豆諸島）・九州南部～琉球／ 山地の林床に生える。葉柄基部には褐色の鱗片があるが，基部以外ではほとんど見当たらない。葉身はかたい紙質で表面に光沢があり，羽片は上部で急に短くなってはっきりした頂羽片がある。最下羽片の下向き第１小羽片は著しく大きくなる。胞子嚢群は小羽片の辺縁寄りにつき，包膜は円腎形【上左：2015/10/3 宇検村】

ホソバカナワラビ *Arachniodes exilis* 分布：本州（関東地方以西）～琉球／ 山地の林床に生える。葉身の羽片は上部で急に短くなり，はっきりした頂羽片がある。最下羽片の下向き第１小羽片は大きくなる。胞子嚢群は裂片の中肋寄りにつき，包膜は円腎形【右：2014/7/6 奄美市】

タイワンジュウモンジシダ *Polystichum hancockii* 分布：琉球／ 渓流沿いの崖地や陰湿な林内に生える。葉柄や葉軸には淡褐色の鱗片がある。葉身はややかたい草質で最下羽片だけが２回羽状複生し，全体的に十文字形となるが，小さいものでは最下羽片も含めて１回羽状複生となる。胞子嚢群は羽片の中肋と辺縁の中間につき，包膜は円形【上と右：2015/5/2 奄美市】

アマミデンダの胞子嚢群
【上：2014/11/16 奄美大島】

アマミデンダ 危惧Ⅰ *Polystichum obae*
分布：奄美大島固有／ 渓流沿いの苔むした岩上に生える小型のシダ。葉身はややかたい紙質で１回羽状複生，よく発達したものでは２回羽状複生し，羽片は平行四辺形で芒状に終わる鋸歯が数個あり，葉軸の上部では無性芽が生じる。胞子嚢群は羽片の中肋と辺縁の中間につき，包膜は円形【右：2016/7/31 奄美大島，上（無性芽）：2014/11/16 奄美大島】

アツイタ 危惧Ⅰ *Elaphoglossum yoshinagae* 分布：本州（伊豆諸島・紀伊半島）・四国南部・九州南部・屋久島・琉球／ 高地の苔むした樹幹または岩上に着生する。栄養葉はやや厚い革質で披針形，表面には光沢があり，葉柄ははっきりしない。胞子葉は栄養葉より幅が狭く，胞子嚢は葉裏一面につく【2016/6/18 奄美大島】

オキナワキジノオ *Bolbitis appendiculata* 分布：琉球／ 渓流の岩上に生える。栄養葉は1回羽状複生で先端付近には無性芽がつく。胞子葉は長柄があって直立する【上：2016/8/11 奄美市】

ヘツカシダ *Bolbitis subcordata* 分布：九州南部～琉球／ 陰湿な林内に生える。栄養葉は1回羽状複生で明瞭な頂羽片があり，羽片は波状鋸歯縁で先端付近には無性芽がつく。胞子葉は長柄があって直立し，胞子嚢は羽片の裏一面につく【左：2017/1/9 瀬戸内町】

オニヤブソテツ *Cyrtomium falcatum* subsp. *falcatum* 分布：本州～琉球／ 海岸の岩場や崖地に生える。葉身は１回羽状複生，やや厚い革質で表面に光沢があり，明瞭な頂羽片がある。胞子嚢群は葉裏に散在し，包膜は円形で中心部が黒く，周辺は灰白色となる。オシダ科【2015/5/4 大和村】

ホウビカンジュ *Nephrolepis biserrata* 分布：トカラ列島・琉球／ 山地の樹幹や岩上に着生し，葉が束になって垂れ下がるのでよく目立つ。葉は大きいものでは長さ１ｍぐらいに達し，葉身は１回羽状複生，かたい草質で頂羽片は不明瞭。胞子嚢群はやや辺縁寄りに一列になってつき，包膜は円腎形。タマシダ科【上と上左（胞子嚢群）：2014/7/6 奄美市】

タマシダ *Nephrolepis cordifolia* 分布：本州（伊豆半島以西）～琉球／ 日当たりのよい林縁や路傍，樹幹や岩上などに生え，根に貯水機能を持つ球形の塊をつける。葉身は１回羽状複生。タマシダ科【2015/9/27 龍郷町】

ワラビツナギ　危惧Ⅰ　***Arthropteris palisotii***　分布：琉球（奄美大島以南）／　山地の林内に生え，長い根茎を樹幹や岩上に伸ばして着生する。葉柄は1～2㎝程度で基部に関節があり，葉身と比べると極めて短い。葉身は1回羽状複生，羽片は全縁または波状鋸歯縁で基部上側が耳状に張り出す。胞子嚢群は羽片の辺縁寄りに一列になってつき，包膜は円腎形【上と左：2014/8/16 奄美大島，下：2016/5/4 奄美大島】

ナナバケシダ 危惧Ⅰ *Tectaria decurrens*
分布：琉球（徳之島以南）／ 山地の陰湿な石灰岩地で見かけるやや大型のシダ。葉身は１回羽状深裂し，羽片は葉軸の幅広い翼でつながる。葉はやや二形をなし，胞子葉は草丈が長くて羽片の幅が狭くなる。胞子嚢群は楕円形で葉裏全面に散在する【上左と上：2016/10/10 徳之島】

コモチナナバケシダ 危惧Ⅰ *Tectaria fauriei*
分布：琉球（徳之島以南）／ ナナバケシダと同じような環境に生える。ナナバケシダに似るが，葉軸の翼は羽片の基部近くで途切れるため，羽片同士が翼でつながることはなく，しばしば羽片基部に無性芽をつける【上（無性芽）：2017/1/14 徳之島，左：2016/10/22 徳之島】

カレンコウアミシダ 危惧Ⅰ *Tectaria simonsii* 分布：琉球（沖永良部島以南）／ 山地の陰湿な石灰岩地で見かける。葉身は２回羽状中裂～複生し，葉軸に翼はなく，最下羽片の下向き第１小羽片が発達する。胞子嚢群は円形で羽片の辺縁寄りにつく【左と下：2016/8/19 沖永良部島】

ウスバシダ *Tectaria devexa* 分布：琉球（沖永良部島以南）／ 山地の石灰岩地の湿った岩上に生え，全体に短毛がやや密生する。葉身は淡黄緑色で２回羽状深裂し，胞子嚢群は円形で裂片の辺縁寄りにほぼ一列につく【左と下：2016/8/19 知名町】

シノブ *Davallia mariesii* 分布：北海道南部～琉球／ 山地の樹幹や岩上に着生する。根茎は径５㎜程度と太く，鱗片が密生して美しい。葉身は３～４回羽状深裂し，無毛。胞子嚢群は裂片の辺縁につき，包膜はコップ状。観賞用として古くから各地で栽培されている【2014/7/5 大和村】

キクシノブ *Davallia repens* 分布：本州（紀伊半島）・四国（東南部）・九州南部～琉球／ 山地の苔むした樹幹や岩上に着生する小型のシダ。根茎は鱗片が密生する。葉身は革質で基部羽片を除いて１回羽状全裂【上：2016/9/18 大和村】 **シマキクシノブ** *D. cumingii* は奄美大島以南に分布し，キクシノブよりも葉の切れ込みが深く，最下羽片の下側第一羽片が長くなる傾向がある。葉はやや二形をなし，栄養葉では切れ込みが浅くなる【上右：2016/8/14 奄美市】

アマミアオネカズラ　危惧Ⅰ　***Goniophlebium amamianum***　分布：琉球（奄美大島・徳之島固有）／　高地の樹幹に着生する冬緑性のシダ。根茎は径５㎜程度と太く，淡緑色で鱗片があり，美しい。葉身はやや厚い草質で１回羽状深裂し，頂羽片は不明瞭。胞子嚢群は円形で裂片の中肋近くに一列になってつく。夏には色づいて落葉する【上左：2014/11/3，上右（黄葉と根茎）：2014/7/13，上右（胞子嚢群）：2014/12/23，写真はすべて奄美大島】

ヒトツバ　***Pyrrosia lingua***　分布：本州（関東地方以西）～琉球／　山地の樹幹や岩上に着生する。葉身は革質で裏面は淡褐色の星状毛を密につける。葉はやや二形をなし，胞子葉では葉幅が狭くなる。胞子嚢群は裏面全体に密生してつく【2015/11/15 大和村】

イワヤナギシダ *Loxogramme salicifolia* 分布：本州（千葉県以西）～琉球／ 山地の樹幹や岩上に着生する。葉身は単葉で革質，全縁で基部はしだいに狭くなり，葉柄の翼となって流れる。サジランに似るが，葉はやや二形で胞子葉は幅が狭くなり，葉柄の基部は緑色でサジランのように紫褐色を帯びず，線形の胞子嚢群が中肋に対してつく角度はより狭い【左：2016/4/29 徳之島町，上：2016/4/2 瀬戸内町】

イワヒトデ *Leptochilus ellipticus* 分布：本州（伊豆半島以西）～琉球／ 山地の陰湿な林内や沢沿いの岩上に生える。葉身は1回羽状全裂し，側羽片は2～5対で明瞭な頂羽片がある。葉はやや二形，胞子葉では葉柄が長く，羽片の幅が狭くなる【2014/12/14 奄美市】

オオイワヒトデ *Leptochilus neopothifolius* 分布：四国南部～琉球／ イワヒトデに似るが，葉身は質やや薄くて葉脈の細脈まで見え，側羽片は8～10対と多く，葉は二形とならない【2014/12/14 奄美市】

ホコザキウラボシ *Microsorum insigne* 分布：九州（鹿児島県）～琉球／ 沢沿いの陰湿な崖地や岩上に生える。根茎は太く，径５㎜程度。葉は葉柄も含めて長さ40㎝程度で葉柄には翼がある。葉身はかたい紙質で単葉または１～２対の羽片がある。胞子嚢群は楕円形で葉裏全面に散在する【左と左下（胞子嚢群）：2017/1/9 瀬戸内町】

タイワンクリハラン *Leptochilus hemionitideus* 分布：種子島・屋久島・琉球／ 山地の陰湿な林床や沢沿いの岩上に生える。根茎は長くはい，葉を１～1.5㎝間隔で出す。葉は葉柄も含めて長さ35㎝程度で葉身基部は葉柄に流れて翼となる。葉身はかたい紙質で単葉，葉脈は細脈まではっきり見える。胞子嚢群は長楕円形で葉裏全面に散在する。よく似たクリハランは胞子嚢群が円形で，タイワンクリハランほど葉脈が細脈まではっきり見えない【下：2017/1/9 瀬戸内町】

ヤリノホクリハラン *Leptochilus wrightii* 分布：九州南部～琉球／ 山地の陰湿な林床や岩上に生え，樹幹基部にもはい上がる。葉身は単葉で下部が最も幅広く，基部は急に狭くなり，翼となって葉柄に流れる。葉はやや二形で胞子葉は草丈が高く，幅が狭くなる。裏面の側脈は明瞭。胞子嚢群は線形で中肋から葉縁近くまで伸びる【左：2016/1/9 奄美市，上：2014/8/16 奄美市】

マメヅタ *Lemmaphyllum microphyllum* 分布：本州～琉球／ 山地の樹幹や岩上に生える。葉は二形をなし，栄養葉は楕円形～長楕円形，胞子葉は線形となる。本土に広く分布するマメヅタは，栄養葉が円形～楕円形で琉球産のものより全体的にやや小さいことから，琉球産のものをリュウキュウマメヅタとして区別することもある【上：2016/1/11 徳之島町】

ヌカボシクリハラン *Lepidomicrosorium superficiale* 分布：本州（千葉県以西）～琉球／ 山地の樹幹や岩上に生え，鱗片が密生した根茎を長く伸ばしてよじ登る。葉身は披針形で基部は急に狭くなり，翼となって葉柄に流れる。栄養葉と胞子葉は同形で，側脈は不明瞭。胞子嚢群は円形で裏面に散在する【左：2016/1/11 徳之島町】

ヒメノキシノブ *Lepisorus onoei* 分布：北海道南部〜琉球（徳之島以北）／ 山地の樹幹や岩上に生える。根茎は細く，径1.5㎜程度で葉がまばらにつく。葉身はやや薄い革質で葉先は円頭または鈍頭，稀に鋭頭となる。よく似たノキシノブは根茎が径2㎜程度と太くて葉が相接するようにつき，葉先は鋭尖頭または尾状となる【左：2015/12/5 奄美市】

コウラボシ *Lepisorus uchiyamae* 分布：本州（和歌山県・山口県）・四国南部〜琉球／ 海岸近くの岩場に生える。根茎は径2㎜程度と太く，根茎につく鱗片をルーペで観察すると細胞がすべて透けて見え，縁には刺状の突起がある。葉は混みあってつき，葉身は革質で狭披針形。胞子嚢群は円形で中肋を挟んで相接するようにつく【下：2016/5/21 瀬戸内町】

ヒメウラボシ *Oreogrammitis dorsipila* 分布：九州（鹿児島県）〜琉球／ 高地の樹幹や岩上に生える小型のシダ。根茎は短く，葉は束生する。葉身はやわらかい革質で赤褐色の剛毛が散生し，基部は葉柄に流れる。胞子嚢群は円形で中肋寄りにつく【右下と下（胞子嚢群）：2016/6/18 大和村】

奄美大島の常緑広葉樹林　小さな沢と尾根が複雑に入り込んでいるため，GPSがないと安心して林内に入れなかった【2014/8/31 瀬戸内町】

奄美群島における希少野生植物の指定状況

科名	和名	本書掲載種	国指定[1]	県指定[2]	奄美大島5市町村指定[3]	徳之島3町指定[4]
ヒカゲノカズラ科	リュウキュウヒモラン*[1]	●			○	○
	ヨウラクヒバ	●			○	
イノモトソウ科	タイワンアマクサシダ		○			○
オシダ科	アマミデンダ	●	○			
	アツイタ	●			○	○
ナナバケシダ科	コモチナナバケシダ	●	○			○
ウラボシ科	アマミアオネカズラ	●			○	○
マメ科	モダマ	●			○	
バラ科	テンノウメ	●		○		
トウダイグサ科	アマミナツトウダイ	●			○	
アカネ科	アマミアワゴケ				○	
ツツジ科	ヤドリコケモモ	●	○			
	アマミアセビ	●		○		
	アマミセイシカ	●		○		
ゴマノハグサ科	ハマジンチョウ	●			○	
スイカズラ科	ヒメスイカズラ					○
ツヅラフジ科	ホウザンツヅラフジ					○
ウマノスズクサ科	ミヤビカンアオイ	●		○		
	フジノカンアオイ	●			○	
	オオバカンアオイ	●			○	○
	トリガミネカンアオイ	●			○	
	グスクカンアオイ	●			○	
	カケロマカンアオイ	●			○	
	ナゼカンアオイ	●			○	
	アサトカンアオイ	●			○	
	トクノシマカンアオイ	●				○
	ハツシマカンアオイ	●		○		
	タニムラカンアオイ	●				○
サトイモ科	アマミテンナンショウ	●			○	○
	オオアマミテンナンショウ	●				○
	トクノシマテンナンショウ	●	○			○
シュロソウ科	コショウジョウバカマ	●			○	○
	オオシロショウジョウバカマ					○
ユリ科	ウケユリ	●		○		
スミレ科	アマミスミレ	●			○	
カタバミ科	アマミカタバミ	●			○	

科　名	和　　名	本　書 掲載種	国指定[1]	県指定[2]	奄美大島 5市町村 指定[3]	徳之島3 町指定[4]
ラン科	ココゴメキノエラン	●	○			
	キバナノセッコク	●			○	
	フウラン	●		○		
	ナゴラン	●		○		
	サガリラン				○	
	ケイタオフウラン				○	
	ヒメシラヒゲラン				○	
	ダイサギソウ				○	○
	タイワンショウキラン				○	○
	ヤクシマネッタイラン				○	○
	アコウネッタイラン					○
	ナギラン				○	○
	オオナギラン					○
	チケイラン	●			○	○
	ヒメトケンラン	●			○	○
	クスクスラン			○		
	シコウラン			○		
	アマミエビネ	●		○		
	トクノシマエビネ*2)	●				○
	レンギョウエビネ	●		○		
	オナガエビネ	●		○		
	カクチョウラン	●		○		
	カンラン			○		
	ナンバンキンギンソウ					○
スベリヒユ科	アマミマツバボタン	●			○	
アジサイ科	アマミクサアジサイ	●			○	
サクラソウ科	ヒメミヤマコナスビ	●			○	
イワウメ科	アマミイワウチワ	●			○	
オオバコ科	リュウキュウスズカケ	●			○	
	ハマトラノオ	●			○	○
合　　　計	67種	49種	6種	15種	35種	26種

1）絶滅のおそれのある野生動植物の種の保存に関する法律（種の保存法）平成４年６月制定
2）鹿児島県希少野生動植物の保護に関する条例　平成15年３月制定
3）希少野生動植物の保護に関する条例（奄美市・大和村・宇検村・瀬戸内町・龍郷町）平成25年10月制定
4）希少野生動植物の保護に関する条例（徳之島町・天城町・伊仙町）平成24年９月制定
注）指定された希少野生植物の採取は禁止されています。条例等の規定に違反して指定希少野生植物の採取等の違法行為を行った場合は，罰則が科せられることになります。
＊1）ヒモランとして掲載，＊2）エビネとして掲載

学名（科名・属名）索引

【A】
Abelia　ツクバネウツギ属…94
Abrodictyum　ホソバホラゴケ属…235
Acanthaceae　キツネノマゴ科…176
Acer　カエデ属…49
Achyranthes　イノコヅチ属…163
Actinidia　マタタビ属…219
Actinidiaceae　マタタビ科…219
Actinodaphne　バリバリノキ属…7
Adenophora　ツリガネニンジン属…182
Adenostemma　ヌマダイコン属…191
Adiantum　ホウライシダ属…248
Aeginetia　ナンバンギセル属…178
Ageratum　カッコウアザミ属…186
Agrimonia　キンミズヒキ属…148
Aidia　ミサオノキ属…73
Ainsliaea　モミジハグマ属…190
Aizoaceae　ハマミズナ科…161
Ajuga　キランソウ属…173
Alangium　ウリノキ属…61
Albizia　ネムノキ属…26
Aletris　ソクシンラン属…104
Allium　ネギ属…123
Alnus　ハンノキ属…28
Alocasia　クワズイモ属…102
Alpinia　ハナミョウガ属…128
Alternanthera　ツルノゲイトウ属…162
Amaranthaceae　ヒユ科…162
Amaryllidaceae　ヒガンバナ科…123
Amischotolype　ヤンバルミョウガ属…127
Amitostigma　ヒナラン属…110
Ampelopsis　ノブドウ属…205
Amphicarpaea　ヤブマメ属…208
Anacardiaceae　ウルシ科…48
Anagallis　ルリハコベ属…165
Androsace　トチナイソウ属…166
Angelica　シシウド属…179
Angiopteris　リュウビンタイ属…232
Anodendron　サカキカズラ属…222
Antidesma　ヤマヒハツ属…40
Aphyllorchis　タネガシマムヨウラン属…109
Apiaceae　セリ科…179
Apocynaceae　キョウチクトウ科…81, 222
Aquifoliaceae　モチノキ科…89
Araceae　サトイモ科…102
Arachniodes　カナワラビ属…267
Aralia　タラノキ属…93
Araliaceae　ウコギ科…92, 180
Ardisia　ヤブコウジ属…66
Arecaceae　ヤシ科…5
Arenga　クロツグ属…5
Arisaema　テンナンショウ属…103
Aristolochia　ウマノスズクサ属…200
Aristolochiaceae　ウマノスズクサ科…96, 200
Artemisia　ヨモギ属…188
Arthropteris　ワラビツナギ属…271
Arundo　ダンチク属…138
Asarum　カンアオイ属…96
Asparagaceae　クサスギカズラ科…124
Asparagus　クサスギカズラ属…125
Aspleniaceae　チャセンシダ科…249
Asplenium　チャセンシダ属…251
Aster　シオン属…192
Asteraceae　キク科…94, 183, 228
Athyriaceae　メシダ科…258
Aucuba　アオキ属…80

【B】
Balanophora　ツチトリモチ属…157
Balanophoraceae　ツチトリモチ科…157
Barnardia　ツルボ属…124
Barringtonia　サガリバナ属…60
Beilschmiedia　アカハダクスノキ属…7
Berchemia　クマヤナギ属…17, 18
Betulaceae　カバノキ科…28
Bidens　センダングサ属…187
Bischofia　アカギ属…42
Blastus　ミヤマハシカンボク属…47
Blechnaceae　シシガシラ科…257
Blechnum　シシガシラ属…257
Blumea　ツルハグマ属…189
Blutaparon　イソフサギ属…162
Boehmeria　ヤブマオ属…23, 146
Bolbitis　ヘツカシダ属…269
Bonnaya　スズメノトウガラシ属…172
Boraginaceae　ムラサキ科…82
Botrychium　ハナワラビ属…232
Brassicaceae　アブラナ科…158
Bredia　ハシカンボク属…47
Broussonetia　カジノキ属…22
Bruguiera　オヒルギ属…39
Burmannia　ヒナノシャクジョウ属…105
Burmanniaceae　ヒナノシャクジョウ科…105
Buxaceae　ツゲ科…13
Buxus　ツゲ属…13

【C】
Cabomba　ハゴロモモ属…122
Cabombaceae　ジュンサイ科…122
Caesalpinia　ジャケツイバラ属…211
Calanthe　エビネ属…116
Callicarpa　ムラサキシキブ属…86
Calophyllaceae　テリハボク科…46
Calophyllum　テリハボク属…46
Calystegia　ヒルガオ属…226
Camellia　ツバキ属…68
Campanulaceae　キキョウ科…181
Canavalia　ナタマメ属…209
Cannabaceae　アサ科…15
Capparaceae　フウチョウボク科…55
Caprifoliaceae　スイカズラ科…94, 220
Cardiandra　クサアジサイ属…164
Carex　スゲ属…129
Carica　パパイヤ属…93
Caricaceae　パパイヤ科…93
Carpesium　ガンクビソウ属…191
Caryophyllaceae　ナデシコ科…161
Cassytha　スナヅル属…104
Castanopsis　シイ属…33
Casuarina　トクサバモクマオウ属…28
Casuarinaceae　モクマオウ科…28
Cayratia　ヤブカラシ属…205
Celastraceae　ニシキギ科…36, 217
Celastrus　ツルウメモドキ属…217
Celtis　エノキ属…15
Cephalantheropsis　トクサラン属…119
Cerbera　ミフクラギ属…81
Chamaecrista　カワラケツメイ属…142
Cheiropleuria　スジヒトツバ属…237
Cheirostylis　カイロラン属…110
Chloranthaceae　センリョウ科…6
Chloranthus　チャラン属…6
Chrysanthemum　キク属…193
Cibotiaceae　タカワラビ科…238
Cibotium　タカワラビ属…238
Cinnamomum　クスノキ属…7
Cirsium　アザミ属…184

Citrus　ミカン属…52
Cladium　ヒトモトススキ属…130
Clematis　センニンソウ属…203
Clerodendrum　クサギ属…88
Cleyera　サカキ属…64
Clusiaceae　フクギ科…46
Cocculus　アオツヅラフジ属…13, 202
Codonacanthus　アリモリソウ属…177
Colchicaceae　イヌサフラン科…106
Colubrina　ヤエヤマハマナツメ属…18
Combretaceae　シクンシ科…46
Commelina　ツユクサ属…126
Commelinaceae　ツユクサ科…126
Coniogramme　イワガネゼンマイ属…246
Convolvulaceae　ヒルガオ科…220, 226
Coptosapelta　ヒョウタンカズラ属…220
Cornaceae　ミズキ科…61
Corydalis　キケマン属…140
Crassocephalum　ベニバナボロギク属…186
Crassulaceae　ベンケイソウ科…147
Crateva　ギョボク属…55
Crepidiastrum　アゼトウナ属…184
Crepidomanes　アオホラゴケ属…236
Crinum　ハマオモト属…123
Croomia　ナベワリ属…106
Crossostephium　モクビャッコウ属…94
Croton　ハズ属…44
Cryptotaenia　ミツバ属…180
Ctenitis　カツモウイノデ属…266
Cucurbitaceae　ウリ科…215
Cuphea　ハナヤナギ属…154
Cupressaceae　ヒノキ科…2
Curculigo　キンバイザサ属…122
Cuscuta　ネナシカズラ属…226
Cyanthillium　ムラサキムカシヨモギ属…185
Cyathea　ヘゴ属…238
Cyatheaceae　ヘゴ科…238
Cycadaceae　ソテツ科…1
Cycas　ソテツ属…1
Cyclocodon　タンゲブ属…182
Cymbopogon　オガルカヤ属…133
Cynanchum　イケマ属…223
Cyperaceae　カヤツリグサ科…129
Cyperus　カヤツリグサ属…130
Cyrtomium　ヤブソテツ属…270

【D】

Dactyloctenium　タツノツメガヤ属…137
Damnacanthus　アリドオシ属…71
Daphne　ジンチョウゲ属…58
Daphniphyllaceae　ユズリハ科…15
Daphniphyllum　ユズリハ属…15
Davallia　シノブ属…274
Davalliaceae　シノブ科…274
Debregeasia　ヤナギイチゴ属…23
Dendrobium　セッコク属…121
Dendropanax　カクレミノ属…92
Dennstaedtiaceae　コバノイシカグマ科…244
Deparia　シケシダ属…258
Derris　シイノキカズラ属…211
Desmodium　シバハギ属…143
Deutzia　ウツギ属…62
Dianella　キキョウラン属…123
Dianthus　ナデシコ属…161
Diapensiaceae　イワウメ科…167
Dicliptera　ヤンバルハグロソウ属…176
Dicranopteris　コシダ属…233
Dioscorea　ヤマノイモ属…196
Dioscoreaceae　ヤマノイモ科…196
Diospyros　カキノキ属…63
Diplazium　ノコギリシダ属…259
Diplocyclos　オキナワスズメウリ属…216
Diplomorpha　ガンピ属…58
Diplopterygium　ウラジロ属…233
Diplospora　シロミミズ属…73
Dipteridaceae　ヤブレガサウラボシ科…237
Disporum　チゴユリ属…106
Distylium　イスノキ属…12
Dodonaea　ハウチワノキ属…50
Drosera　モウセンゴケ属…158
Droseraceae　モウセンゴケ科…158
Dryopteridaceae　オシダ科…265
Dryopteris　オシダ属…265

【E】

Ebenaceae　カキノキ科…63
Eclipta　タカサブロウ属…191
Ehretia　チシャノキ属…82
Elaeagnaceae　グミ科…16
Elaeagnus　グミ属…16
Elaeocarpaceae　ホルトノキ科…29
Elaeocarpus　ホルトノキ属…29
Elaphoglossum　アツイタ属…269
Elatostema　ウワバミソウ属…144
Entada　モダマ属…212
Epipremnum　ハブカズラ属…102
Erechtites　タケダグサ属…186
Eria　オサラン属…121
Ericaceae　ツツジ科…76, 167
Erycibe　ホルトカズラ属…220
Erythrina　デイゴ属…24
Eschenbachia　イズハハコ属…185
Eulophia　イモネヤガラ属…109
Euonymus　ニシキギ属…36, 217
Eupatorium　ヒヨドリバナ属…193
Euphorbia トウダイグサ属…149
Euphorbiaceae　トウダイグサ科…43, 149
Eurya　ヒサカキ属…64
Euscaphis　ゴンズイ属…51
Excoecaria　シマシラキ属…44

【F】

Fagaceae　ブナ科…33
Fallopia　ソバカズラ属…159
Farfugium　ツワブキ属…190
Fatsia　ヤツデ属…92
Ficus　イチジク属…19, 207
Fimbristylis　テンツキ属…131
Firmiana　アオギリ属…56
Flagellaria　トウツルモドキ属…201
Flagellariaceae　トウツルモドキ科…201
Flueggea　ヒトツバハギ属…42
Fraxinus　トネリコ属…85

【G】

Galactia　ハギカズラ属…208
Garcinia　フクギ属…46
Gardenia　クチナシ属…75
Gardneria　ホウライカズラ属…219
Garryaceae　アオキ科…80
Gastrochilus　カシノキラン属…121
Gentiana　リンドウ属…169
Gentianaceae　リンドウ科…169
Geraniaceae　フウロソウ科…148
Geranium　フウロソウ属…148
Gesneriaceae　イワタバコ科…171
Glehnia　ハマボウフウ属…179
Gleicheniaceae　ウラジロ科…233
Glycine　ダイズ属…208
Goniophlebium　アオネカズラ属…275
Goodeniaceae　クサトベラ科…83
Goodyera　シュスラン属…115
Gratiola　オオアブノメ属…171
Gymnosporia　ハリツルマサキ属…37
Gynochthodes　ハナガサノキ属…221
Gynostemma　アマチャヅル属…216

【H】
Habenaria　ミズトンボ属…111
Hamamelidaceae　マンサク科…12
Haplopteris　シシラン属…248
Helicia　ヤマモガシ属…23
Helicteres　ヤンバルゴマ属…156
Heliotropium　キダチルリソウ属…82
Heloniopsis　ショウジョウバカマ属…106
Helwingia　ハナイカダ属…80
Helwingiaceae　ハナイカダ科…80
Hemerocallis　ワスレグサ属…123
Hemisteptia　キツネアザミ属…184
Heritiera　サキシマスオウノキ属…56
Hernandia　ハスノハギリ属…6
Hernandiaceae　ハスノハギリ科…6
Hetaeria　ヒメノヤガラ属…115
Heterosmilax　カラスキバサンキライ属…199
Hibiscus　フヨウ属…57, 156
Histiopteris　ユノミネシダ属…244
Hortensia　アジサイ属…62
Hoya　サクララン属…223
Huperzia　コスギラン属…229
Hydrangeaceae　アジサイ科…62, 164, 219
Hydrocotyle　チドメグサ属…180
Hylodesmum　ヌスビトハギ属…143
Hymenasplenium　ホウビシダ属…249
Hymenophyllaceae　コケシノブ科…234
Hymenophyllum　コケシノブ属…236
Hypericaceae　オトギリソウ科…155
Hypericum　オトギリソウ属…155
Hypoxidaceae　キンバイザサ科…122
Hypoxis　コキンバイザサ属…122

【I】
Icacinaceae　クロタキカズラ科…62
Idesia　イイギリ属…45
Ilex　モチノキ属…89
Illicium　シキミ属…12
Ipomoea　サツマイモ属…226
Iridaceae　アヤメ科…122
Iris　アヤメ属…122
Isachne　チゴザサ属…132
Ischaemum　カモノハシ属…134
Itea　ズイナ属…13
Iteaceae　ズイナ科…13
Ixeris　ノニガナ属…183

【J】
Jasminanthes　シタキソウ属…224
Juniperus　ネズミサシ属…2
Justicia　キツネノマゴ属…176

【K】
Kadsura　サネカズラ属…200
Kandelia　メヒルギ属…39
Korthalsella　ヒノキバヤドリギ属…59

【L】
Lactuca　アキノノゲシ属…185
Lagerstroemia　サルスベリ属…38
Lamiaceae　シソ科…86, 173
Lardizabalaceae　アケビ科…201
Lasianthus　ルリミノキ属…72
Lauraceae　クスノキ科…7, 104
Laurocerasus　バクチノキ属…32
Lecanorchis　ムヨウラン属…109
Lecythidaceae　サガリバナ科…60
Leguminosae　マメ科…24, 141, 208
Lemmaphyllum　マメヅタ属…278
Lepidomicrosorium　ヤノネシダ属…278
Lepisorus　ノキシノブ属…279
Leptochilus　オキノクリハラン属…276
Lespedeza　ハギ属…27
Leucaena　ギンゴウカン属…26
Leucas　ヤンバルツルハッカ属…174
Ligustrum　イボタノキ属…84
Liliaceae　ユリ科…107
Lilium　ユリ属…107
Limonium　イソマツ属…60
Linderniaceae　アゼナ科…172
Lindsaea　エダウチホングウシダ属…241
Lindsaeaceae　ホングウシダ科…241
Liparis　クモキリソウ属…112
Liriope　ヤブラン属…124
Lithocarpus　オニガシ属…35
Litsea　ハマビワ属…9
Lobelia　ミゾカクシ属…181
Loganiaceae　マチン科…178, 219
Lonicera　スイカズラ属…220
Loranthaceae　オオバヤドリギ科…59
Lotus　ミヤコグサ属…141
Loxogramme　サジラン属…276
Ludwigia　チョウジタデ属…148
Luisia　ボウラン属…121
Lycianthes　メジロホオズキ属…170
Lycopodiaceae　ヒカゲノカズラ科…229
Lycopodium　ヒカゲノカズラ属…229
Lygodiaceae　カニクサ科…237
Lygodium　カニクサ属…237
Lysimachia　オカトラノオ属…165
Lythraceae　ミソハギ科…38, 154

【M】
Maackia　イヌエンジュ属…25
Macaranga　オオバギ属…43
Machilus　タブノキ属…10
Maclura　ハリグワ属…22
Macrothelypteris　ヒメワラビ属…254
Maesa　イズセンリョウ属…66
Mallotus　アカメガシワ属…43, 44
Malvaceae アオイ科…56, 156
Marattiaceae　リュウビンタイ科…232
Marsdenia　キジョラン属…223
Matsumurella　ヒメキセワタ属…173
Mazaceae　サギゴケ科…175
Mazus　サギゴケ属…175
Melanthera　キダチハマグルマ属…194
Melanthiaceae　シュロソウ科…106
Melastoma　ノボタン属…47
Melastomataceae　ノボタン科…47
Melia　センダン属…55
Meliaceae　センダン科…55
Melilotus　シナガワハギ属…142
Meliosma　アワブキ属…14
Menispermaceae　ツヅラフジ科…13, 202
Mercurialis　ヤマアイ属…151
Microlepia　フモトシダ属…244
Microsorum　オキナワウラボシ属…277
Microtropis　モクレイシ属…36
Mikania　ツルギク属…228
Miscanthus　ススキ属…139
Mitrasacme　アイナエ属…178
Mitrastemon　ヤッコソウ属…167
Mitrastemonaceae　ヤッコソウ科…167
Monotropastrum　ギンリョウソウ属…167
Moraceae　クワ科…19, 207
Morella　ヤマモモ属…28
Morus　クワ属…22
Mosla　イヌコウジュ属…175
Mucuna　トビカズラ属…213
Murdannia　イボクサ属…127
Murraya　ゲッキツ属…52
Musa　バショウ属…101

Musaceae　バショウ科…101
Mussaenda　コンロンカ属…221
Myricaceae　ヤマモモ科…28
Myrsine　ツルマンリョウ属…67
Myrtaceae　フトモモ科…51

【N】

Nageia　ナギ属…3
Nartheciaceae　キンコウカ科…104
Neolitsea　シロダモ属…10
Neoshirakia　シラキ属…43
Neottia　サカネラン属…113
Nephrolepidaceae　タマシダ科…270
Nothapodytes　クサミズキ属…62
Nphrolepis　タマシダ属…270
Nyctaginaceae　オシロイバナ科…58

【O】

Oberonia　ヨウラクラン属…120
Odontosoria　ホラシノブ属…243
Oenanthe　セリ属…180
Oenothera　マツヨイグサ属…148
Ohwia　ミソナオシ属…143
Oleaceae　モクセイ科…84
Onagraceae　アカバナ科…148
Onychium　タチシノブ属…248
Ophioglossaceae　ハナヤスリ科…232
Ophioglossum　ハナヤスリ属…232
Ophiopogon　ジャノヒゲ属…124
Ophiorrhiza　サツマイナモリ属…168
Oplismenus　チヂミザサ属…133
Orchidaceae　ラン科…109
Oreocnide　ハドノキ属…23
Oreogrammitis　ヒメウラボシ属…279
Ormocarpum　ハマセンナ属…25
Orobanchaceae　ハマウツボ科…178
Osmanthus　キンモクセイ属…85
Osmolindsaea　ホングウシダ属…242
Osmunda　ゼンマイ属…233
Osmundaceae　ゼンマイ科…233
Osteomeles　テンノウメ属…31
Oxalidaceae　カタバミ科…154
Oxalis　カタバミ属…154

【P】

Paederia　ヘクソカズラ属…228
Pandanaceae　タコノキ科…4
Pandanus　タコノキ属…4
Papaveraceae　ケシ科…140
Paraderris　ハイトバ属…210
Parsonsia　ホウライカガミ属…224
Parthenocissus　ツタ属…205
Paspalum　スズメノヒエ属…137
Pellionia　サンショウソウ属…144
Pemphis　ミズガンピ属…38
Pennisetum　チカラシバ属…134
Pentacoelium　ハマジンチョウ属…83
Pentaphylacaceae　サカキ科…64
Peperomia　サダソウ属…101
Perilla　シソ属…174
Peristylus　ムカゴトンボ属…111
Persicaria　イヌタデ属…159
Peucedanum　ハクサンボウフウ属…179
Phaius　ガンゼキラン属…119
Phegopteris　ミヤマワラビ属…254
Phlegmariurus　ヨウラクヒバ属…230
Photinia　カナメモチ属…32
Phragmites　ヨシ属…139
Phyla　イワダレソウ属…181
Phyllanthaceae　コミカンソウ科…40
Phyllanthus　コミカンソウ属…40
Physalis　ホオズキ属…170
Picrasma　ニガキ属…55
Pieris　アセビ属…78
Pilea　ミズ属…144
Pileostegia　シマユキカズラ属…219
Pinaceae　マツ科…2
Pinus　マツ属…2
Piper　コショウ属…200
Piperaceae　コショウ科…101, 200
Pisonia　トゲカズラ属…58
Pittosporaceae　トベラ科…83
Pittosporum　トベラ属…83
Plagiogyria　キジノオシダ属…237
Plagiogyriaceae　キジノオシダ科…237
Planchonella　アカテツ属…61
Plantaginaceae　オオバコ科…171
Pleioblastus　メダケ属…138
Plumbaginaceae　イソマツ科…60
Poaceae　イネ科…132
Podocarpaceae　マキ科…3
Podocarpus　マキ属…3
Pogonatherum　イタチガヤ属…132
Pollia　ヤブミョウガ属…127
Polygala　ヒメハギ属…140
Polygalaceae　ヒメハギ科…140
Polygonaceae　タデ科…159
Polygonatum　アマドコロ属…125
Polypodiaceae　ウラボシ科…275
Polystichum　イノデ属…268
Pongamia　クロヨナ属…25
Portulaca　スベリヒユ属…158
Portulacaceae　スベリヒユ科…158
Pouzolzia　ツルマオ属…145
Premna　ハマクサギ属…87
Primulaceae　サクラソウ科…66, 165
Proteaceae　ヤマモガシ科…23
Psilotaceae　マツバラン科…249
Psilotum　マツバラン属…249
Psychotria　ボチョウジ属…74, 222
Pteridaceae　イノモトソウ科…245
Pteridium　ワラビ属…244
Pteris　イノモトソウ属…245
Pueraria　クズ属…210
Putranjiva　ツゲモドキ属…45
Putranjivaceae　ツゲモドキ科…45
Pyrenaria　ヒサカキサザンカ属…68
Pyrrosia　ヒトツバ属…275

【Q】

Quercus　コナラ属…34

【R】

Ranunculaceae　キンポウゲ科…140, 203
Ranunculus　キンポウゲ属…140
Raphanus　ダイコン属…158
Rhamnaceae　クロウメモドキ科…17
Rhamnella　ネコノチチ属…17
Rhamnus　クロウメモドキ属…18
Rhaphiolepis　シャリンバイ属…32
Rhizophoraceae　ヒルギ科…39
Rhododendron　ツツジ属…76
Rhus　ヌルデ属…48
Rhynchosia　タンキリマメ属…208
Rhynchotechum　ヤマビワソウ属…171
Rosa　バラ属…31
Rosaceae　バラ科…30, 148
Rubiaceae　アカネ科…71, 168, 220, 228
Rubus　キイチゴ属…30
Ruellia　ルイラソウ属…178
Rutaceae　ミカン科…52, 218

【S】

Sabiaceae　アワブキ科…14
Sageretia　クロイゲ属…17
Salicaceae　ヤナギ科…45
Salvia　アキギリ属…175
Sambucus　ニワトコ属…178
Santalaceae　ビャクダン科…59
Sapindaceae　ムクロジ科…49
Sapindus　ムクロジ属…50
Sapotaceae　アカテツ科…61
Sarcandra　センリョウ属…6
Saururaceae　ドクダミ科…101
Saururus　ハンゲショウ属…101

Scaevola　クサトベラ属…83
Schefflera　フカノキ属…92
Schenkia　シマセンブリ属…169
Schima　ヒメツバキ属…68
Schisandraceae　マツブサ科…12, 200
Schoenoplectiella　ホソガタホタルイ属…130
Schoenoplectus　フトイ属…130
Schoepfia　ボロボロノキ属…59
Schoepfiaceae　ボロボロノキ科…59
Sciaphila　ホンゴウソウ属…105
Scirpus　アブラガヤ属…131
Scleria　シンジュガヤ属…131
Scrophulariaceae　ゴマノハグサ科…83
Scutellaria　タツナミソウ属…174
Sedirea　ナゴラン属…120
Sedum　マンネングサ属…147
Selaginellaceae　イワヒバ科…231
Seleginella　イワヒバ属…231
Sesuvium　ハマミズナ属…161
Setaria　アワ属…132, 134
Shortia　イワウチワ属…167
Sida　キンゴジカ属…157
Sigesbeckia　メナモミ属…187
Simaroubaceae　ニガキ科…55
Sinoadina　ヘツカニガキ属…75
Skimmia　ミヤマシキミ属…52
Smilacaceae　サルトリイバラ科…198
Smilax　サルトリイバラ属…198
Solanaceae　ナス科…170, 228
Solanum　ナス属…170, 228
Solenogyme　コケタンポポ属…190
Solidago　アキノキリンソウ属…188
Sonchus　ノゲシ属…185
Sophora　クララ属…24
Sphagneticola　アメリカハマグルマ属…194
Spinifex　ツキイゲ属…135
Spiranthes　ネジバナ属…110
Sporobolus　ネズミノオ属…137
Stachyuraceae　キブシ科…45
Stachyurus　キブシ属…45
Staphyleaceae　ミツバウツギ科…51
Stauntonia　ムベ属…201
Stemonaceae　ビャクブ科…106
Stephania　ハスノハカズラ属…202
Stimpsonia　ホザキザクラ属…165
Strobilanthes　イセハナビ属…176
Styracaceae　エゴノキ科…61
Styrax　エゴノキ属…　61
Suaeda　マツナ属…162
Swertia　センブリ属…169
Symplocaceae　ハイノキ科…69
Symplocos　ハイノキ属…69
Syzygium　フトモモ属…51

【T】

Tainia　ヒメトケンラン属…113
Tarenna　ギョクシンカ属…75
Taxillus　マツグミ属…59
Tectaria　ナナバケシダ属…272
Tectariaceae　ナナバケシダ科…271
Terminalia　モモタマナ属…46
Ternstroemia　モッコク属…65
Tetradium　ゴシュユ属…53
Tetragonia　ツルナ属…161
Teucrium　ニガクサ属…173
Theaceae　ツバキ科…68
Thelypteridaceae　ヒメシダ科…254
Thelypteris　ヒメシダ属…254
Thespesia　サキシマハマボウ属…56
Thuarea　クロイワザサ属…137
Thymelaeaceae　ジンチョウゲ科…58
Toddalia　サルカケミカン属…218
Torenia　ハナウリクサ属…172
Toxicodendron　ウルシ属…48
Trachelospermum　テイカカズラ属…222
Trema　ウラジロエノキ属…15
Trichosanthes　カラスウリ属…215
Triuridaceae　ホンゴウソウ科…105
Trochodendraceae　ヤマグルマ科…12
Trochodendron　ヤマグルマ属…12
Tubocapsicum　ハダカホオズキ属…170
Turpinia　ショウベンノキ属…51
Typha　ガマ属…101
Typhaceae　ガマ科…101

【U】

Urena　ボンテンカ属…156
Urticaceae　イラクサ科…23, 144

【V】

Vaccinium スノキ属…79
Vanda　ヒスイラン属…120
Vandellia　アゼトウガラシ属…172
Vandenboschia　ハイホラゴケ属…234
Verbena　クマツヅラ属…181
Verbenaceae　クマツヅラ科…181
Vernicia　アブラギリ属…44
Veronica　クワガタソウ属…171
Veronicastrum　クガイソウ属…171
Viburnaceae　ガマズミ科…95, 178
Viburnum　ガマズミ属…95
Vigna　ササゲ属…209
Vincetoxicum　カモメヅル属…225
Viola　スミレ属…152
Violaceae　スミレ科…152
Vitaceae　ブドウ科…205
Vitex　ハマゴウ属…86
Vitis　ブドウ属…206
Volkameria　イボタクサギ属…88

【W】

Wahlenbergia　ヒナギキョウ属…182
Wendlandia　アカミズキ属…74
Wisteria　フジ属…210
Woodwardia　コモチシダ属…257

【X】

Xanthorrhoeaceae　ススキノキ科…123

【Y】

Youngia　オニタビラコ属…185

【Z】

Zanthoxylum　サンショウ属…53, 218
Zehneria　スズメウリ属…216
Zeuxine　キヌラン属…114
Zingiberaceae　ショウガ科…128
Zoysia　シバ属…136

和名索引

【ア行】
アイナエ…178
アオイ科…56, 156
アオオニタビラコ…185
アオガシ…10
アオガネシダ…253
アオキ…80
アオキ科…80
アオギリ…56
アオツヅラフジ…202
アオノクマタケラン…128
アオバナハイノキ…70
アオバノキ…70
アオモジ…9
アカギ…42
アカテツ…61
アカテツ科…61
アカネ科…71, 168, 220, 228
アカバシュスラン…110
アカハダクスノキ…7
アカバナ科…148
アカボシタツナミソウ…174
アカミズキ…74
アカミノヤブガラシ…205
アカメイヌビワ…21
アカメガシワ…43
アキノノゲシ…185
アキノワスレグサ…123
アケビ科…201
アコウ…20
アサ科…15
アサトカンアオイ…97
アジサイ科…62, 164, 219
アゼナ科…172
アダン…4
アツイタ…269
アツバアサガオ…226
アツバキノボリシダ…259
アツバジシバリ…183
アツバハイチゴザサ…132
アデク…51
アバタマユミ…217
アブラギリ…44
アブラナ科…158
アマクサギ…88
アマクサシダ…246
アマシバ…70
アマチャヅル…216
アマミアオネカズラ…275
アマミアセビ…78
アマミアラカシ…35
アマミイケマ…223
アマミイナモリ…168
アマミイワウチワ…167
アマミエビネ…118
アマミカジカエデ…49
アマミカタバミ…154
アマミクサアジサイ…164
アマミクラマゴケ…231
アマミザンショウ…54
アマミサンショウソウ…144
アマミシダ…264
アマミスミレ…153
アマミセイシカ…77
アマミタチドコロ…197
アマミデンダ…268
アマミテンナンショウ…103
アマミナツヅタ…205
アマミナツトウダイ…149
アマミヒイラギモチ…89
アマミヒサカキ…64
アマミヒトツバハギ…42
アマミヒメカカラ…199
アマミフユイチゴ…31
アマミマツバボタン…158
アマミリンドウ…169
アマモシシラン…248
アメリカセンダングサ…187
アメリカネナシカズラ…226
アメリカハマグルマ…194
アヤメ科…122
アラゲヒメワラビ…254
アリモリソウ…177
アワブキ科…14
イイギリ…45
イシカグマ…244
イジュ…68
イスノキ…12
イズハハコ…185
イソノギク…192
イソフサギ…162
イソフジ…24
イソマツ…60
イソマツ科…60
イソヤマアオキ…13
イソヤマテンツキ…131
イタジイ…33
イタチガヤ…132
イタドリ…159
イタビカズラ…207
イヌガシ…10
イヌサフラン科…106
イヌビワ…21
イヌマキ…3
イネ科…132
イノコヅチ…163
イノモトソウ科…245
イブキシダ…256
イボタクサギ…88
イモネヤガラ…109
イヨカズラ…225
イラクサ科…23, 144
イワウメ科…167
イワキ…84
イワタイゲキ…149
イワダレソウ…181
イワタバコ科…171
イワヒトデ…276
イワヒバ科…231
イワヤナギシダ…276
ウエマツソウ…105
ウケユリ…107
ウコギ科…92, 180
ウコンイソマツ…60
ウシノタケダグサ…186
ウジルカンダ…213
ウスキムヨウラン…109
ウスバシダ…273
ウチワゴケ…236
ウドノキ…58
ウマノスズクサ科…96, 200
ウラジロ…233
ウラジロエノキ…15
ウラジロ科…233
ウラジロガシ…35
ウラジロカンコノキ…41
ウラジロタラノキ…93
ウラボシ科…275
ウリ科…215
ウリクサ…172
ウルシ科…48
エゴノキ…61
エゴノキ科…61
エダウチチヂミザサ…133
エダウチホングウシダ…241
エビネ…117
オオアブラガヤ…131
オオアマクサシダ…246
オオアマミテンナンショウ…103
オオアリドオシ…71
オオイタビ…207
オオイブキシダ…256
オオイワヒトデ…276
オオカナメモチ…32
オオカラスウリ…215
オオキバナムカシヨモギ…189
オオクサボク…58
オオサクラタデ…160
オオシイバモチ…91

オオジシバリ…183
オオシマウツギ…62
オオシマガマズミ…95
オオシマガンピ…58
オオシマコバンノキ…40
オオシマノジギク…193
オオシマムラサキ…86
オオシンジュガヤ…131
オオタニワタリ…251
オオツルコウジ…66
オオバイヌビワ…21
オオハイホラゴケ…234
オオバカンアオイ…100
オオバギ…43
オオバグミ…16
オオバコ科…171
オオバチヂミザサ…133
オオバナノセンダングサ…187
オオバボンテンカ…156
オオハマグルマ…195
オオハマボウ…57
オオバヤシャブシ…28
オオバヤドリギ…59
オオバヤドリギ科…59
オオバルリミノキ…73
オオフジノカンアオイ…99
オオムラサキシキブ…86
オオヤブツルアズキ…209
オガルガヤ…133
オキナワイボタ…84
オキナワウラジロガシ…34
オキナワギク…192
オキナワキジノオ…269
オキナワサルトリイバラ…198
オキナワジイ…33
オキナワスズムシソウ…177
オキナワスズメウリ…216
オキナワチドリ…110
オキナワツゲ…13
オキナワテイカカズラ…222
オキナワハイネズ…2
オキナワハグマ…190
オキナワバライチゴ…30
オキナワヨモギ…189
オクシモハギ…27
オサラン…121
オシダ科…265
オシロイバナ科…58
オトギリソウ…155
オトギリソウ科…155
オトコヨモギ…188
オナガエビネ…116
オニキランソウ…173
オニクラマゴケ…231
オニシバ…136
オニホラゴケ…235
オニヤブソテツ…270
オヒルギ…39

【カ行】

カカツガユ…22
カキノキ科…63
カキバカンコノキ…41
カクチョウラン…119
カクレミノ…92
カゲロウラン…114
カケロマカンアオイ…97
カゴノキ…9
カゴメラン…115
カジノキ…22
カシノキラン…121
ガジュマル…19
カタバミ科…154
カタヒバ…231
カッコウアザミ…186
カツモウイノデ…266
カニクサ科…237
カバノキ科…28
ガマ科…101
ガマズミ科…95, 178
カミガモシダ…251
カミガモソウ…171
カヤツリグサ科…129
カラスキバサンキライ…199
カラスザンショウ…53
カラムシ…146
カレンコウアミシダ…273
カワラケツメイ…142
カンガレイ…130
ガンクビソウ…191
カンコノキ…41
ギーマ…79
キールンヤマノイモ…197
キイレツチトリモチ…157
キキョウ科…181
キキョウラン…123
キク科…94, 183, 228
キクシノブ…274
キジノオシダ…237
キジノオシダ科…237
キジョラン…224
キダチキンバイ…148
キダチハマグルマ…195
キツネアザミ…184
キツネノヒマゴ…176
キツネノボタン…140
キツネノマゴ…176
キツネノマゴ科…94, 176
キヌラン…114
キノボリシダ…259
キバナノセッコク…121
キブシ…45
キブシ科…45
キミズ…144
キミノセンリョウ…6
キョウチクトウ科…81, 222
ギョクシンカ…75
ギョボク…55
キレバキノボリシダ…260
キンギンソウ…115
キンコウカ科…104
キンゴジカ…157
ギンネンム…26
キンバイザサ…122
キンバイザサ科…122
キンポウゲ科…140, 203
キンミズヒキ…148
ギンリョウソウ…167
クサスギカズラ…125
クサスギカズラ科…124
クサトベラ…83
クサトベラ科…83
クサマルハチ…240
クズ…210
グスクカンアオイ…96
クスノキ科…7, 104
クスノハカエデ…49
クスノハガシワ…44
クチナシ…75
クチバシグサ…172
クマタケラン…128
クマツヅラ…181
クマツヅラ科…181
クマノギク…194
グミ科…16
グミモドキ…44
クルマシダ…252
クロイゲ…17
クロイワザサ…137
クロウメモドキ科…17
クロガネモチ…90
クロタキカズラ科…62
クロツグ…5
クロバイ…69
クロヘゴ…239
クロミノオキナワスズメウリ…216
クロヨナ…25
クワ科…19, 207
クワズイモ…102
クワノハエノキ…15
グンバイヒルガオ…227
ケカラスウリ…215
ケシ科…140
ケシンテンルリミノキ…72
ケタデ…159
ケチドメグサ…180
ゲッキツ…52
ゲットウ…128

ケネズミモチ…84
ケハダルリミノキ…72
ケホシダ…256
ケラマツツジ…76
ゲンノショウコ…148
コアカソ…23
コウザキシダ…252
コウシュウウヤク…13
コウモリシダ…254
コウヤコケシノブ…236
コウライシバ…136
コウラボシ…279
コキンバイザサ…122
コクテンギ…37
コクラン…112
コケシノブ科…234
コケタンポポ…190
コケミズ…145
コゴメキノエラン…113
コゴメマンネングサ…147
コゴメミズ…145
コシケシダ…258
コシダ…233
コショウ科…101, 200
コショウジョウバカマ…106
コショウノキ…58
コセンダングサ…187
コナスビ…166
コナミキ…174
コニガクサ…173
コニシキソウ…150
コバテイシ…46
コバナヒメハギ…140
コバノイシカグマ科…244
コバノカナワラビ…267
コバノボタンヅル…203
コバンモチ…29
コビトホラシノブ…243
コブラン…232
コマツヨイグサ…148
ゴマノハグサ科…83
コミカンソウ科…40
コメナモミ…187
コモウセンゴケ…158
ゴモジュ…95
コモチナナバケシダ…272
コモチマンネングサ…147
コヤブミョウガ…127
コヨメナ…193
ゴンズイ…51
コンロンカ…221

【サ行】

サイゴクホングウシダ…242
サカキ…64
サカキ科…64
サカキカズラ…222
サガリバナ…60
サガリバナ科…60
サギゴケ科…175
サキシマスオウノキ…56
サキシマハマボウ…56
サキシマフヨウ…57
サクラソウ科…66, 165
サクラツツジ…77
サクララン…223
サケバコウゾリナ…189
サコスゲ…129
ササキビ…132
ササバサンキライ…199
サザンカ…68
サジガンクビソウ…191
サダソウ…101
サツマサンキライ…198
サトイモ科…102
サネカズラ…200
サルカケミカン…218
サルトリイバラ科…198
サワスズメノヒエ…137
サンカクヅル…206
サンカクホングウシダ…242
サンゴジュ…95
サンショウソウ…144
シークヮーサー…52
シイノキカズラ…211
シオカゼテンツキ…131
シオクグ…129
シキミ…12
シクンシ科…46
シシアクチ…67
シシガシラ科…257
シシラン…248
シソ科…86, 173
シソバウリクサ…172
シタキソウ…224
シチトウイ…130
シナガワハギ…142
シナヤブコウジ…66
シノブ…274
シノブ科…274
シバニッケイ…8
シバハギ…143
シマアザミ…184
シマイズセンリョウ…66
シマイヌザンショウ…54
シマイボクサ…127
シマウリカエデ…49
シマウリノキ…61
シマエンジュ…25
シマオオタニワタリ…251
シマキクシノブ…274
シマキケマン…140
シマギンレイカ…166
シマグワ…22
シマコガネギク…188
シマサルスベリ…38
シマサルナシ…219
シマシラキ…44
シマシロヤマシダ…263
シマセンブリ…169
シマタゴ…85
シマチカラシバ…134
シマツユクサ…126
シマフジバカマ…193
シマミサオノキ…73
シマミズ…144
シマモクセイ…85
シマユキカズラ…219
シャリンバイ…32
シュウブンソウ…192
シュロソウ科…106
ジュンサイ科…122
ショウガ科…128
ショウジョウソウ…151
ショウベンノキ…51
シラキ…43
シラタマカズラ…222
シロダモ…11
シロバナサクラタデ…160
シロバナミヤコグサ…141
シロミミズ…73
シロヤマゼンマイ…233
シンエダウチホングウシダ…241
ジンチョウゲ科…58
シンテンルリミノキ…72
スイカズラ科…94, 220
ズイナ科…13
スジヒトツバ…237
ススキノキ科…123
スナヅル…104
スミレ科…152
セイコノヨシ…139
セイタカアワダチソウ…188
セイタカヨシ…139
セリ…180
セリ科…179
センダン…55
センダン科…55
センニンソウ…204
ゼンマイ…233
ゼンマイ科…233
センリョウ…6
センリョウ科…6
ソウシジュ…26
ソクシンラン…104
ソコベニヒルガオ…226
ソテツ…1
ソテツ科…1

ソナレシバ…137
ソナレムグラ…168
ソメモノカズラ…223

【タ行】

タイトゴメ…147
ダイトンチヂミザサ…133
タイミンタチバナ…67
タイワンアキグミ…16
タイワンウオクサギ…88
タイワンカモノハシ…134
タイワンクズ…210
タイワンクリハラン…277
タイワンジュウモンジシダ…268
タイワンソクズ…178
タイワンツクバネウツギ…94
タイワントリアシ…146
タイワンハギ…27
タイワンハチジョウナ…185
タイワンヤマツツジ…76
タカサゴキジノオ…237
タカサゴユリ…108
タカサブロウ…191
タカワラビ…238
タカワラビ科…238
タケダグサ…186
タコノキ科…4
タシロスゲ…129
タシロルリミノキ…72
タチアワユキセンダングサ…187
タチシノブ…248
タチツボスミレ…152
タツノツメガヤ…137
タデ科…159
タニムラカンアオイ…98
タネガシママムヨウラン…109
タブノキ…10
タマシダ…270
タマシダ科…270
タマムラサキ…123
タンキリマメ…208
タンゲブ…182
ダンチク…138
チケイラン…112
チシャノキ…82
チャセンシダ科…249
チャボイナモリ…168
チャボヘゴ…240
チャラン…6
ツキイゲ…135
ツキヌキオトギリ…155
ツゲ科…13
ツゲモチ…90
ツゲモドキ…45
ツゲモドキ科…45
ツチトリモチ科…157
ツツジ科…76, 167
ツヅラフジ科…13, 202
ツバキ科…68
ツユクサ…126
ツユクサ科…126
ツルウリクサ…172
ツルグミ…16
ツルコウジ…66
ツルザンショウ…218
ツルソバ…159
ツルナ…161
ツルノゲイトウ…162
ツルヒヨドリ…228
ツルボ…124
ツルホラゴケ…235
ツルマオ…145
ツルモウリンカ…225
ツルラン…116
ツワブキ…190
デイゴ…24
テッポウユリ…108
テツホシダ…255
デリス…210
テリハツルウメモドキ…217
テリハノイバラ…31
テリハノブドウ…205
テリハボク…46
テリハボク科…46
テリミノイヌホオズキ…170
テンノウメ…31
トウゲシバ…229
トウダイグサ…151
トウダイグサ科…43, 149
トウツルモドキ…201
トウツルモドキ科…201
トカラアジサイ…62
トキワガキ…63
トキワカモメヅル…225
トキワススキ…139
トキワヤブハギ…143
トクサバモクマオウ…28
トクサラン…119
ドクダミ科…101
トクノシマエビネ…117
トクノシマカンアオイ…98
トクノシマスゲ…129
トクノシマテンナンショウ…103
トベラ…83
トベラ科…83
トリガミネカンアオイ…96

【ナ行】

ナガバイナモリ…168
ナガバカニクサ…237
ナカハラクロキ…69
ナガミクマヤナギ…18
ナガミノオニシバ…136
ナガミボチョウジ…74
ナギ…3
ナゴラン…120
ナス科…170, 228
ナゼカンアオイ…97
ナタオレノキ…85
ナチシケシダ…258
ナチシダ…247
ナツノウナギツカミ…159
ナデシコ科…161
ナナバケシダ…272
ナナバケシダ科…271
ナルコユリ…125
ナンカクラン…230
ナンゴクシャジン…182
ナンゴクネジバナ…110
ナンゴクホウチャクソウ…106
ナンゴクホウビシダ…249
ナンテンカズラ…211
ナンバンアワブキ…14
ナンバンカラムシ…146
ナンバンギセル…178
ナンバンキブシ…45
ナンバンツユクサ…126
ニイタカヨモギ…188
ニオウヤブマオ…146
ニガカシュウ…196
ニガキ…55
ニガキ科…55
ニシキギ科…36, 217
ニシヨモギ…189
ニセシケチシダ…261
ニッケイ…7
ニンジンボク…86
ヌカボシクリハラン…278
ヌスビトハギ…143
ヌマダイコン…191
ヌリトラノオ…253
ヌルデ…48
ネコノシタ…194
ネジバナ…110
ネバリミソハギ…154
ネムノキ…26
ノアサガオ…227
ノコギリヘラシダ…258
ノシラン…124
ノボタン…47
ノボタン科…47

【ハ行】

ハイキンゴジカ…157
ハイトバ…210
ハイノキ科…69
ハイホラゴケ…234
ハウチワノキ…50

ハカマカズラ…211
ハギカズラ…208
ハクサンボク…95
バクチノキ…32
ハゴロモモ…122
ハシカンボク…47
バショウ科…101
ハスノハカズラ…202
ハスノハギリ…6
ハスノハギリ科…6
ハゼノキ…48
ハチジョウイノコヅチ…163
ハチジョウカグマ…257
ハチジョウシダ…247
ハチジョウシダモドキ…247
ハチジョウススキ…139
ハツシマカンアオイ…98
ハドノキ…23
ハナイカダ科…80
ハナガサノキ…221
ハナカモノハシ…134
ハナシュクシャ…128
ハナヤスリ科…232
パパイヤ…93
パパイヤ科…93
ハブカズラ…102
ハマアズキ…209
ハマイヌビワ…20
ハマウツボ科…178
ハマウド…179
ハマエノコロ…134
ハマオモト…123
ハマクサギ…87
ハマグルマ…194
ハマゴウ…87
ハマサルトリイバラ…198
ハマジンチョウ…83
ハマセンダン…53
ハマセンナ…25
ハマタイゲキ…150
ハマダイコン…158
ハマトラノオ…171
ハマナタマメ…209
ハマニガナ…183
ハマニンドウ…220
ハマヒサカキ…65
ハマヒルガオ…226
ハマビワ…9
ハマボウ…57
ハマボウフウ…179
ハマボッス…166
ハマホラシノブ…243
ハママツナ…162
ハママンネングサ…147
ハマミズナ科…161
ハマユウ…123
バラ科…30, 148
ハリツルマサキ…37
バリバリノキ…7
ハンゲショウ…101
ハンコクシダ…261
ヒイラギズイナ…13
ヒオウギ…122
ヒカゲイノコヅチ…163
ヒカゲノカズラ…229
ヒカゲノカズラ科…229
ヒカゲヘゴ…238
ヒガンバナ科…123
ヒサカキ…64
ヒサカキサザンカ…68
ビッチュウヤマハギ…27
ヒトツバ…275
ヒトモトススキ…130
ヒナギキョウ…182
ヒナノシャクジョウ…105
ヒナノシャクジョウ科…105
ビナンカズラ…200
ヒノキ科…2
ヒノキバヤドリギ…59
ヒメアリドオシ…71
ヒメイタビ…207
ヒメウラボシ…279
ヒメオトギリ…155
ヒメガマ…101
ヒメキセワタ…173
ヒメキランソウ…173
ヒメクマヤナギ…17
ヒメサギゴケ…175
ヒメサザンカ…68
ヒメジソ…175
ヒメシダ科…254
ヒメセンナリホオズキ…170
ヒメタムラソウ…175
ヒメトケンラン…113
ヒメナベワリ…106
ヒメノキシノブ…279
ヒメハイチゴザサ…132
ヒメハギ科…140
ヒメハシゴシダ…255
ヒメハマナデシコ…161
ヒメフタバラン…113
ヒメホングウシダ…241
ヒメマツバボタン…158
ヒメミゾシダ…255
ヒメミヤマコナスビ…165
ヒメムカデクラマゴケ…231
ヒメユズリハ…15
ヒモラン…230
ビャクダン科…59
ビャクブ科…106
ヒユ科…162
ヒョウタンカズラ…220
ヒリュウシダ…257
ヒルガオ科…220, 226
ヒルギ科…39
ビロードボタンヅル…203
ヒロハサギゴケ…176
ヒロハタマミズキ…91
ヒロハネム…26
ヒロハノコギリシダ…262
ヒロハミヤマノコギリシダ…260
フウチョウボク科…55
フウトウカズラ…200
フウラン…120
フウロソウ科…148
フカノキ…92
フクギ…46
フクギ科…46
フクマンギ…82
フサジュンサイ…122
フジ…210
フジノカンアオイ…99
フシノハアワブキ…14
フトイ…130
ブドウ科…205
フトモモ…51
フトモモ科…51
ブナ科…33
ヘクソカズラ…228
ヘゴ…239
ヘゴ科…238
ヘツカシダ…269
ヘツカニガキ…75
ヘツカリンドウ…169
ベニツツバナ…94
ベニバナボロギク…186
ヘラシダ…258
ベンケイソウ科…147
ボウコツルマメ…208
ホウビカンジュ…270
ホウライカガミ…224
ホウライカズラ…219
ホウライシダ…248
ホウライツユクサ…126
ホウライハナワラビ…232
ボウラン…121
ホウロクイチゴ…30
ホコザキウラボシ…277
ホコザキベニシダ…266
ホコシダ…245
ホザキザクラ…165
ホシダ…256
ホソバイワガネソウ…246
ホソバカナワラビ…267
ホソバコケシノブ…236
ホソバタブ…10
ホソバノコギリシダ…260
ホソバムクイヌビワ…20

ホソバリュウビンタイ…232
ホソバワダン…184
ボタンボウフウ…179
ボチョウジ…74
ホラカグマ…266
ホラシノブ…243
ホルトカズラ…220
ホルトノキ…29
ホルトノキ科…29
ボロボロノキ…59
ボロボロノキ科…59
ホングウシダ科…241
ホンゴウソウ…105
ホンゴウソウ科…105
ボンテンカ…156
ボントクタデ…160

【マ行】
マキ科…3
マサキ…36
マタタビ科…219
マチン科…178, 219
マツ科…2
マツサカシダ…245
マツバラン…249
マツバラン科…249
マツブサ科…12, 200
マテバシイ…35
マメ科…24, 141, 208
マメヅタ…278
マメヒサカキ…65
マルバグミ…16
マルバチシャノキ…82
マルバニッケイ…8
マルバノホロシ…228
マルバハギ…27
マルバハダカホオズキ…170
マルバハタケムシロ…181
マルバホングウシダ…242
マルバルリミノキ…72
マンサク科…12
マンリョウ…66
ミカン科…52, 218
ミズガンピ…38
ミズキ科…61
ミズスギ…229
ミソナオシ…143
ミソハギ科…38, 154
ミツバ…180
ミツバウツギ科…51
ミツバノコマツナギ…141
ミツバハマゴウ…87
ミフクラギ…81
ミミガタシダ…254
ミミズバイ…70
ミヤコグサ…141
ミヤコジシバリ…183
ミヤビカンアオイ…96
ミヤマシロバイ…69
ミヤマハシカンボク…47
ミルスベリヒユ…161
ムカゴトンボ…111
ムクロジ…50
ムクロジ科…49
ムサシアブミ…102
ムッチャガラ…91
ムベ…201
ムラサキ科…82
ムラサキカッコウアザミ…185
ムラサキケマン…140
ムラサキムカシヨモギ…185
ムロトムヨウラン…109
メシダ科…258
メジロホオズキ…170
メドハギ…142
メヒルギ…39
モウセンゴケ科…158
モエジマシダ…246
モクセイ科…84
モクタチバナ…67
モクビャッコウ…94
モクマオウ科…28
モクレイシ…36
モダマ…212
モチノキ…90
モチノキ科…89
モッコク…65
モミジヒルガオ…227
モモタマナ…46
モロコシソウ…165
モンバイノコヅチ…163
モンパノキ…82

【ヤ行】
ヤエヤマコクタン…63
ヤエヤマセンニンソウ…204
ヤエヤマネコノチチ…17
ヤエヤマハマナツメ…18
ヤクカナワラビ…267
ヤクシマアカシュスラン…115
ヤクシマイトスゲ…129
ヤクシマスミレ…152
ヤクシマツチトリモチ…157
ヤシ科…5
ヤッコソウ…167
ヤッコソウ科…167
ヤドリコケモモ…79
ヤナギイチゴ…23
ヤナギ科…45
ヤナギタデ…160
ヤナギバルイラソウ…178
ヤブツバキ…68
ヤブニッケイ…8
ヤブマメ…208
ヤブラン…124
ヤブレガサウラボシ科…237
ヤマアイ…151
ヤマグルマ…12
ヤマグルマ科…12
ヤマグワ…22
ヤマノイモ科…196
ヤマヒハツ…40
ヤマヒヨドリバナ…193
ヤマビワ…14
ヤマビワソウ…171
ヤマモガシ…23
ヤマモガシ科…23
ヤマモモ…28
ヤマモモ科…28
ヤリノホクリハラン…278
ヤンバルアワブキ…14
ヤンバルキヌラン…114
ヤンバルゴマ…156
ヤンバルセンニンソウ…204
ヤンバルツルハッカ…174
ヤンバルツルマオ…145
ヤンバルハグロソウ…176
ヤンバルミョウガ…127
ユウコクラン…112
ユズリハ…15
ユズリハ科…15
ユノミネシダ…244
ユリ科…107
ユワンオニドコロ…196
ヨウラクヒバ…230
ヨウラクラン…120
ヨゴレイタチシダ…265
ヨシ…139

【ラ行】
ラン科…109
リュウキュウアイ…177
リュウキュウアリドオシ…71
リュウキュウイタチシダ…265
リュウキュウイチゴ…30
リュウキュウイノモトソウ…245
リュウキュウウマノスズクサ…200
リュウキュウカイロラン…110
リュウキュウガキ…63
リュウキュウガネブ…206
リュウキュウカラスウリ…215
リュウキュウクロウメモドキ…18
リュウキュウコクタン…63
リュウキュウコケシノブ…236
リュウキュウコケリンドウ…169
リュウキュウコザクラ…166
リュウキュウコスミレ…152
リュウキュウサギソウ…111

リュウキュウシロスミレ…152
リュウキュウスズカケ…171
リュウキュウタイゲキ…150
リュウキュウタラノキ…93
リュウキュウチク…138
リュウキュウツルウメモドキ…217
リュウキュウツワブキ…190
リュウキュウトロロアオイ…156
リュウキュウハギ…27
リュウキュウバショウ…101
リュウキュウハナイカダ…80
リュウキュウバライチゴ…30
リュウキュウヒモラン…230
リュウキュウボタンヅル…203
リュウキュウホラゴケ…234
リュウキュウマツ…2
リュウキュウマメガキ…63
リュウキュウマメヅタ…278
リュウキュウマユミ…36
リュウキュウミヤマシキミ…52
リュウキュウモクセイ…85
リュウキュウヤツデ…92
リュウキュウヤノネグサ…159
リュウキュウヨモギ…188
リュウキュウルリミノキ…72
リュウビンタイ…232
リュウビンタイ科…232
リンドウ…169
リンドウ科…169
ルリシャクジョウ…105
ルリハコベ…165
レモンエゴマ…174
レンギョウエビネ…117

【ワ行】
ワダツミノキ…62
ワニグチモダマ…214
ワラビ…244
ワラビツナギ…271

主な参考文献

尼川大録・長田武正『検索入門　樹木（全２巻）』保育社，1988
奄美自然観察記　高のフィールドより　https://blog.goo.ne.jp/inpre-anac
傳田哲郎『琉球列島におけるニガナ属の網状進化』分類６(2)：107-114，2006
海老原 淳『日本産シダ植物標準図鑑（全２巻）』学研プラス，2016～2017
畔上能力・永田芳男『山渓ハンディ図鑑２　山に咲く花』山と渓谷社，1996
初島住彦『琉球植物誌（追加・訂正）』沖縄生物教育研究会，1975
初島住彦・天野鉄夫『琉球植物目録』沖縄生物学会，1994
林 弥栄・平野隆久『山渓ハンディ図鑑１　野に咲く花』山と渓谷社，1989
いがりまさし『山渓ハンディ図鑑６　日本のスミレ』山と渓谷社，1996
いがりまさし『山渓ハンディ図鑑11　日本の野菊』山と渓谷社，2007
池畑怜伸『写真でわかるシダ図鑑』トンボ出版，2006
平田 浩『図解　九州の植物（上下巻）』南方新社，2017
岩槻邦男（編）『日本の野生植物　シダ』平凡社，1992
堀田 満『奄美群島植物目録』鹿児島大学総合研究博物館，2013
鹿児島県環境林務部自然保護課（企画／編集）『改訂･鹿児島県の絶滅のおそれのある野生動植物　植物編』（一財）鹿児島県環境技術協会，2016
勝山輝男『日本のスゲ　増補改訂』文一総合出版，2015
倉田 悟･中池敏之（編）『新装版　日本のシダ植物図鑑（全８巻）』東京大学出版会，2004
MIRACLE NATURE@奄美大島の自然　https://blog.goo.ne.jp/miracle_nature_amami
光田重幸『検索入門　しだの図鑑』保育社，1986
茂木 透ほか『山渓ハンディ図鑑３～５　樹に咲く花』（全３巻）山と渓谷社，2000～2001
中池敏之『新日本植物誌　シダ篇　改訂増補版』至文堂，1992
日本政府『世界遺産一覧表記載推薦書　奄美大島，徳之島，沖縄島北部及び西表島』，2017
大橋広好ほか（編）『改訂新版　日本の野生植物（全５巻）』平凡社，2015～2017
大川智史・林 将之『ネイチャーガイド　琉球の樹木　奄美・沖縄～八重山の亜熱帯植物図鑑』文一総合出版，2016
長田武正『検索入門　野草図鑑』（全８巻）保育社，1984～1985
長田武正『日本イネ科植物図譜』平凡社，1989
佐竹義輔ほか（編）『日本の野生植物』（草本全３巻，木本全２巻）平凡社，1981～1989

清水矩宏ほか『日本帰化植物写真図鑑』全国農村教育協会，2001
清水矩宏ほか『日本帰化植物写真図鑑　第２巻』全国農村教育協会，2010
清水建美『図説　植物用語辞典』八坂書房，2001
清水建美（編）『日本の帰化植物』平凡社，2003
末次健司・福永裕一ほか『エンシュウムヨウラン（ラン科）を滋賀県に記録する』分類17（1）：53-58，2017
末次健司・福永裕一『ムロトムヨウラン（ラン科）を福江島に記録する』分類17（1）：59-61，2017
矢原徹一・永田芳男ほか『絶滅危惧植物図鑑　レッドデータプランツ　増補改訂新版』山と渓谷社，2015
私の雑記帳　http://makiron39.blog58.fc2.com/

お世話になった方々（敬称略）

堀田 満，井川武史，久保紘史郎，前田篤志，丸野勝敏，中島邦雄，新原修一，大屋 哲，田淵英樹，鹿児島県立博物館

著者略歴

片野田逸朗（かたのだ・いつろう）

1964年　鹿児島県に生まれる
1989年　広島大学大学院博士課程後期理学研究科植物学専攻中退
1991年　鹿児島県入庁
1996年～1998年と2014年～2016年の６年間，大島支庁勤務
現在　鹿児島県森林技術総合センター森林環境部長
主な著書：琉球弧・野山の花 from AMAMI（南方新社），九州・野山の花（南方新社）

Illustrated Field Guide to the Flora of Ryukyu

琉球弧・植物図鑑 from AMAMI

発行日――2019年８月10日　第１刷発行

著　者――片野田逸朗
発行者――向原祥隆
発行所――株式会社 南方新社
〒892-0873 鹿児島市下田町292-1
電　話 099-248-5455
振替口座 02070-3-27929
URL　http://www.nanpou.com/
e-mail　info@nanpou.com

印刷・製本――株式会社朝日印刷
乱丁・落丁はお取り替えします

ISBN978-4-86124-405-6 C0645